포유동물 조류인플루엔자 긴급행동지침[SOP]

농림축산식품부

Jinhan M&B

목 차

제1장 개요

제2장 포유동물 고병원성조류인플루엔자 발생 대비 사전 조치사항

제3장 포유동물 고병원성조류인플루엔자 발생시 행동요령

목 차

포유동물 조류인플루엔자 긴급행동지침

제1장 개 요

Ⅰ. 인플루엔자 바이러스

인플루엔자 바이러스는 오르소믹소바이러스과(Orthmyxoviridae)에 속하는 RNA 바이러스로 A, B, C, D 4개의 혈청형으로 나뉜다. 그 중 A형은 사람은 물론 다양한 척추동물에 감염되며, B, C, D형은 포유동물에 감염된다. 인플루엔자 A형이 가장 병원성이 강하며 표면단백질인 헤마글루티닌(hemagglutinin, HA) 18종과 뉴라미니데이즈(neuraminidase, NA) 11종이 존재한다. 이 두 단백질 조합에 따라 이론적으로 아형(subtype)이 198가지 생길 수 있다. B형은 A형보다 병원성이 약하며, C형은 A와 B형에 비해 발생이 적고 사람에서 일반적인 감기 증상을 일으킨다. D형은 주로 소와 돼지에게 전염된다. 사람에서 계절형 독감 백신 항원으로 사용되는 것이 A형과 B형이다.

Ⅱ. 병인체

1. 정의 및 특성

포유동물 조류인플루엔자란 포유동물에 감염되는 조류인플루엔자 바이러스에 의한 질병을 말한다. 원인 바이러스는 인플루엔자 A형 바이러스로 사람이나 돼지, 말, 소, 개, 고양이 등 다양한 포유류에 감염되고, 감염 동물마다 무증상부터 폐사까지 임상증상이 다양하지만 주로 호흡기 질환을 나타낸다.

조류인플루엔자는 감염되는 포유동물 축종에 따라 돼지인플루엔자(Swine influenza, SI), 개인플루엔자(Canine influenza, CI), 말인플루엔자(Equine influenza, EI) 라고 하며, 동물별로 주로 감염되는 바이러스 아형이 다른데, 돼지인플루엔자 H1N1, H1N2, H3N2, 개인플루엔자 H3N2, H3N8, 말인플루엔자는 H3N8 등이 대표적이다. 이 외에도 다른 아형이 포유동물에 감염될 수 있다.

조류인플루엔자 바이러스는 아형(Subtype)이 매우 많고 다양한 유전자 재조합으로 인한 변이가 쉽게 일어난다. 조류에 감염 시 급성 전염병이 발생하며 가금류에서 피해가 심하게 나타난다. 조류인플루엔자 바이러스는 병원성 정도에 따라서 저병원성(Low pathogenicity Avian Influenza, LPAI)과 고병원성 조류인플루엔자(High pathogenicity Avian Influenza, HPAI)로 크게 나뉘며, 고병원성 조류인플루엔자는 세계동물보건기구(WOAH)에서도 위험도가 높아 관리대상 질병으로 지정하고 있다. HPAI 발생 시 WOAH에 의무적으로 보고하여야 하며, 우리나라에서도 HPAI는 제1종 가축전염병으로 분류하고 있다. 야생조류와 가금류에서 분리되는 H5 또는 H7 아형 바이러스의 일부는 저병원성 바이러스이지만, 현재까지 가금류에서 고병원성으로 많은 피해를 일으키고 있는 아형은 모두 H5 또는 H7형이다.

본 긴급행동지침(SOP)에서는 H5형 및 H7형과 같이 주로 조류에서 병원성이 높게 나타나는 바이러스와 이 외에도 H9형과 같이 저병원성으로 알려져 있지만 포유동물에 감염되어 상당한 임상증상을 나타내거나 개체간 전파의 위험성이 높게 나타나는 조류인플루엔자 바이러스 감염에 대한 방역관리 사항을 다루고 있으며, 포유동물에서 조류인플루엔자 바이러스 감염은 포유동물에서의 병원성 문제도 있지만 포유동물에서 인플루엔자 바이러스의 재조합 또는 변이로 인해 사람에게 감염될 수 있는 새로운 바이러스가 탄생할 수 있기 때문에 인수공통전염병의 관리 차원에서 매우 중요하다.

2. 인플루엔자 바이러스의 종간 전파

조류인플루엔자 바이러스는 숙주세포의 시알산 알파 2,3 갈락토오스(조류형: SA-α 2,3 Gal) 수용체에 우선적으로 결합하고, 사람 및 포유동물 인플루엔자 바이러스는 시알산 알파 2,6 갈락토오스(사람형: SA-α 2,6 Gal) 수용체에 우선적으로 결합한다. 조류인플루엔자 바이러스는 돌연변이나 포유동물 인플루엔자와의 유전자 재배열 등으로 인해 종간 전파 능력을 획득할 가능성이 있다. H5N1, H7N9, H9N2 등을 포함하는 조류인플루엔자 바이러스들은 종간 장벽을 넘어서 조류에서 사람, 돼지 등 포유류로의 감염이 보고되고 있다. 조류인플루엔자는 조류형 수용체(SA-α 2,3 Gal)에 결합하는데 포유류로의 감염이 증가할수록 사람형 수용체(SA-α 2,6 Gal)에 결합이 용이하도록 변이가 일어나 인체감염 가능성이 증가한다. 사람의 상부 호흡기에는 사람형(SA-α 2,6 Gal) 수용체가 다량으로 분포하고 있고, 하부 호흡기에는 사람형(SA-α 2,6 Gal)과 조류형(SA-α 2,3 Gal) 수용체가 비슷한 양으로 분포되어 있다. 포유동물 중 돼지는 조류형(SA-α 2,3 Gal)과 사람형(SA-α 2,6 Gal) 수용체를 모두 가지고 있으며, 두 수용체가 사람과 비슷하게 분포하고 있어 다양한 바이러스에 감염되어 바이러스의 새로운 재조합을 만들어 낼 수 있다. 이 때문에 돼지는 인플루엔자 변이의 혼합 용기(그릇) "mixing vessels" 이라고 알려져 있다. 이 외에 밍크, 고양이, 젖소 등의 동물도 두 가지 수용체의 분포에 의해 mixing vessel 가능성이 있는 포유동물로 언급되고 있다.

3. 바이러스 전파 방법

조류인플루엔자 바이러스의 일반적인 전파 경로는 감염 철새의 국내 유입으로 분변 등을 통해 닭·오리 등 가금류에 전파되거나, 사람·차량 등을 통해 바이러스가 소·돼지 등 포유동물에게로 전파되어 감염될 수 있다. 감염된 조류 또는 포유동물에서 사람에게로 전파될 수 있으며, 바이러스는 여러 축종을 거치면서 유전자 재조합 및 변이를 거쳐 사람 간 전파도 가능해질 수 있다.

포유동물에 조류인플루엔자 감염은 감염된 조류와의 접촉감염 및 오염된 닭고기나 오리고기, 감염된 젖소의 원유 섭취에 의한 경구감염이 가능하다. 특히, 조류인플루엔자에 감염된 젖소가 감염 후 2일째부터 일주일간 분비한 원유 내에는 고농도의 인플루엔자 바이러스가 존재하여 이러한 원유를 섭취하거나 접촉하는 경우 같은 농장 내에서 함께 사육하는 젖소, 고양이 등 다른 동물에게 전파될 수 있다.

Ⅲ. 적용 동물

본 SOP에서는 포유류 가축(소·돼지·염소) 및 반려동물(개·고양이) 등 조류인플루엔자에 감수성이 있는 포유동물을 대상으로 하며, 가축방역관이 감수성동물 중 임상증상 등 의심소견을 관찰한 동물의 경우 적용 대상동물에 포함시킬 수 있다.

Ⅳ. 임상증상 및 부검소견

인플루엔자 A 감염 시 주된 증상은 호흡기 증상이지만, 감염되는 숙주에 따라 인플루엔자가 결합하는 수용체 분포에 차이가 있어 임상증상이 다르게 나타난다. 돼지에 HPAI 감염 시 증상이 없거나 가벼운 호흡기 증상(콧물, 재채기 등)

을 보이며, 부검 시 특이적인 소견이 없거나 호흡기 증상을 보이는 개체에서는 간질성 폐렴 소견을 보인다. 미국의 젖소에서는 호흡기 증상은 거의 없으나, 갑작스런 착유량의 감소, 사료섭취나 반추 활동의 감소, 유방염 증상을 보이며 변색(노란색)되고 농축이나 덩어리진 원유가 특징적이다. 소(젖소 포함)에서는 호흡기를 통한 감염이 잘 발생하지 않으나 호흡기를 통한 감염 시 가벼운 호흡기 증상이 나타날 수 있다. 최근 영국의 양에서 HPAI 감염이 확인되었는데 유방염 외에 다른 증상은 나타나지 않았으며, 미국의 염소에서 HPAI 감염 시 신경증상을 보였다. 한편, 고양이에서 HPAI 감염 시 고열, 혼수, 안구돌출, 결막염, 호흡곤란, 신경증상(운동실조, 마비 등)을 보이며 감염된 지 수일 내에 폐사하였다. 부검 시 비강·폐·비장·림프절에서의 출혈, 간 괴사가 보였으며 뇌염 증상도 확인되었다. 개에서는 호흡기 증상과 신경증상을 보이며 심한 경우 폐사하기도 한다. 기타 밍크나 해양포유동물(바다사자, 코끼리물범 등)의 감염 사례를 보면, 호흡기증상(무호흡, 빈호흡 등) 및 신경증상(경련, 운동실조, 마비)을 보이고 감염된 후 수일 이내 폐사하였다. 또한 야생포유동물인 삵에서는 폐사 전 쇠약한 상태에서 호흡곤란(헐떡임) 증상을 보였고, 부검 시 구강과 비강에서 출혈성 분비물이 관찰되었고, 기관 내에서의 출혈 소견과 잇몸에서의 경미한 출혈이 확인되었다. 흉강 내에는 다량의 혈액 저류가 있었으며, 폐는 심한 부종과 울혈을 보였고 폐엽 전반에 걸쳐 다발성 괴사 병변이 확인되었다. 두부에서는 뇌 전반에 걸쳐 심한 울혈, 출혈 및 부종 병변이 있었고, 소화기 병변으로 경도의 비장비대, 장과 신장에서는 중등도의 울혈 소견을 보였다.

<포유동물에서 고병원성 조류인플루엔자(H5N1형) 감염 시 임상증상>

구분	축종	임상증상 및 부검소견	비고
가축	젖소	**(임상증상)** 갑작스런 착유량 감소, 사료섭취나 반추 활동 감소, 유방 퇴축, 유방염, 노란색의 원유, 농축 및 응고된 원유, 끈적거리는 분뇨, 발열 및 탈수 **(부검소견)** 괴사성 유방염	미국 발생 ('24년 3월~)
	소	**(임상증상)** 가벼운 호흡기 증상(기침, 콧물), 비즙에 바이러스 배출이 되나 동거축에 전파 안됨 **(부검소견)** 상부 기관지염	실험적 증명 ('24년, 미국 & 독일)
	염소	**(임상증상)** 신경증상	미국 발생 ('24.3월)
	양	**(임상증상)** 유방염(그외 특이증상 없음)	영국 발생

	돼지	**(임상증상)** 증상이 없거나 가벼운 호흡기 증상 **(부검소견)** 간질성 폐렴	('25.3월) 미국 발생 ('24.10월), 실험적 증명
반려 동물/ 야생	고양이	**(임상증상)** 고열(감염 후 1~2일), 혼수, 안구돌출, 결막염, 호흡곤란, 경련, 운동실조 등 신경증상, 소화기증상, 높은 치사율 **(부검소견)** 비출혈, 폐출혈, 비장출혈, 간괴사 및 점상출혈, 림프절 출혈 및 황달	미국('24년) 및 한국 발생 ('23년)
반려 동물	개	**(임상증상)**고열, 식욕부진, 무기력, 기침, 심한 콧물, 호흡곤란, 헐떡임, 폐렴, 중증시 신경증상(떨림, 경련, 방향감각 상실, 비틀거림). 심한 경우 감염 후 수일이내 폐사 **(부검소견)** 간질성 폐렴, 폐부종, 기관염증, 뇌염 등	해외사례 ('23~24년)
야생	삵	**(임상증상)** 호흡곤란, 쇠약(폐사) **(부검소견)** 구강과 비강에 출혈성 분비물, 잇몸 출혈, 기관내 출혈, 흉강내 다량의 혈액 저류, 폐부종과 울혈, 폐 다발성 괴사, 뇌 전반에 울혈, 출혈, 부종, 비장 종대, 장·신장에서 울혈	한국 ('25년 4월)
가축	밍크	**(임상증상)** 식욕감퇴, 호흡기증상, 침흘림, 침울, 입주위 출혈, 신경증상(경련, 운동실조) 대부분 감염 후 1~2일내 폐사 **(부검소견)** 폐출혈, 간질성 폐렴, 폐부종, 간괴사, 비장종대 및 괴사, 뇌염증상, 장점막 괴사성 염증	스페인 ('22년 10월), 핀란드 ('23년 7월-10월)
야생	바다사자, 코끼리물범	**(임상증상)** 주로 신경증상(경련, 떨림, 마비), 호흡기증상(무호흡, 빈호흡, 비강과 구강내 삼출물) **(부검소견)** 폐출혈 및 폐부종, 기관염증, 뇌염, 간괴사, 비장종대	남미 ('23년 1월-11월)

* 상기 임상증상은 과거 국내·외 발생 사례나 실험적으로 확인된 경우이며, 향후 발생상황 또는 연구결과에 따라 임상증상 및 부검소견에 변화가 있을 수 있음

V. 진단

포유동물에서의 조류인플루엔자 진단은 가금에서 조류인플루엔자 항원·항체 검사방법을 동일하게 사용한다. 단, 축종별로 바이러스에 감수성이 있는 시료가 다를 수 있어 검사시료 및 전처리 방법은 달라질 수 있다.

국내 포유류 가축(소·돼지·염소) 및 반려동물(개·고양이)의 경우 비즙을 채취하여 항원 검사를 하고 혈액(혈청)에서 항체 검사를 한다. 폐사체의 경우 폐조직에서 검사할 수 있으며, 염소나 고양이의 경우 신경증상이 보일 수 있으므로 뇌조직도 항원검사를 실시한다. 젖소는 원유에서 다량의 바이러스가 배출되기 때문에 집유소 원유나 개체별 원유(4분방 모두 채취)에서 항원 및 항체검사를 수행한다.

조류인플루엔자 진단법으로는 질병의 원인이 되는 바이러스를 검출하는 항원 검출 방법과 인플루엔자 바이러스 감염 후 동물 체내에 생성되는 항체를 검출하는 혈청학적 진단방법이 있다.

바이러스를 검출하는 항원검출 방법으로는 역전사중합효소연쇄반응(RT-PCR, Reverse Transcriptase-Polymerase Chain Reaction)기법을 이용한 바이러스 유전자 검출법과 차세대염기서열분석법(NGS)을 포함한 염기서열 분석법이 폭넓게 활용되며 종란접종을 통한 바이러스 증식법도 바이러스 유무 판별, 혈청아형 및 병원성을 판정하는 중요한 수단으로 활용되고 있다.

포유동물에서 채취한 시료에서 인플루엔자 A에 대한 공통항원 M 유전자를 RT-PCR로 검색한 후, 양성의 경우 H5· H7·H9에 대한 감별 RT-PCR를 수행하여 아형을 확인하고, 양성확인시 NA subtyping, NGS를 이용한 염기서열분석, 바이러스 분리를 진행하고 병원성 및 인체감염 위험성 분석을 실시한다. H5 및 H7 바이러스의 경우, 혈구응집소(HA)의 병원성 관련 단백질 유전자 분석결과 고병원성 조류인플루엔자 바이러스와 유사한 아미노산 염기서열이 확인된 경우 고병원성으로 분류한다.

분리된 인플루엔자 바이러스의 병원성을 규명하기 위해서는 세계동물보건기구(WOAH)의 고병원성 조류인플루엔자 판정시험 기준에 따라 분리한 바이러스를 6주령의 닭에 접종하여 정맥내 병원성지수가 1.2 이상 또는, 4~8주령의 닭에 접종하여 폐사율이 75% 이상일 경우에는 고병원성 조류인플루엔자로 판정하며, 인플루엔자 바이러스의 인체에서의 병원성 및 전파력에 대한 연구는 분리주를 페렛에 접종하여 확인한다.

혈청학적 진단방법으로는 한천-겔 침강반응(AGP)과 혈구응집억제반응(HI)이 사용되고 있으며, 경쟁적 효소면역항체검사법(cELISA)를 이용한 진단방법이 있다. cELISA와 AGP 검사를 한천-겔 침강반응을 통하여 A형 인플루엔자 바이러스에 대한 공통 항체를 검출할 수 있으며, 각 혈구응집소(H1~H16)을 항원으로 하여 혈청형에 대한 특이적인 혈구응집억제 반응 검사를 실시하여 특정 혈청형에 대한 항체 존재 유무를 검사한다. 포유동물에서 조류인플루엔자 항체검사 수행은 H5, H7, H9에 대하여 혈구응집억제반응(HI)을 수행한다.

VI. 포유동물 조류인플루엔자 발생 현황

최근 가금류 이외에 포유동물에서도 문제가 되고 있는 인플루엔자 바이러스의 혈청형은 H5형이다. 이 중에서 H5N1 바이러스(clade 2.3.4.4b)가 최근 야생조류와 가금류에서 전세계적으로 확산되고 포유동물 감염이 증가하고 있다.

이 바이러스는 ’20년 유럽에서 시작되어 ’21년도 후반에는 북미의 야생조류 및 포유류에서 전파 확인, ’22년부터 전 세계적으로 발생이 급증하여 야생동물(붉은여우, 밍크, 코요테, 북극곰, 펭귄 등), 바다생물(잔점박이 물범, 고래, 바다코끼리 등) 등 다수의 포유류 감염이 보고되고 있다.

’24년 3월 미국 젖소에서 HPAI H5N1 감염이 처음 보고된 이후 빠르게 확산하여 ’25년 6월까지 1,700여개 이상의 젖소 농장에서 감염이 확인되었다. 발생농장의 원유를 섭취한 농장 내 고양이, 야생조류, 너구리, 들쥐 등도 감염이 되어 폐사하기도 하였다. 감염 젖소는 갑작스런 착유량 감소, 사료 섭취나 반추 활동 감소, 유방 퇴축, 유방염 증상을 보이거나 원유가 마치 초유처럼 변질되거나 걸죽해지고, 분변이 비정상적으로 끈적해지는 증상을 보이다가 2주 정도 후 서서히 회복되었다. 산유량 감소는 60일 이상 지속되기도 하였다. 주로 고령의 산차가 높은 젖소에서 증상이 심하게 나타났는데, 평균 이환율은 20%, 폐사율은 2% 미만, 항체양성율을 70%로 알려져 있다. 다른 나라에서는 아직까지 젖소에서의 양성 사례는 없지만, 젖소에도 조류와 사람 인플루엔자 수용체 모두를 가지고 있고, 조류인플루엔자바이러스가 유선상피세포에 친화력이 높다는 사실을 확인하게 되었다. 젖소 외에도 미국에서 ’24년 3월 미네소타주의 염소(clade B3.6), ’24년 5월 아이다호주의 알파카(clade B3.13), ’24년 10월 오레건주 뒷마당 돼지(clade D1.2)에서 HPAI H5N1이 확인되었다. 또한, ‘25년 3월 영국의 HPAI가 발생한 농장에서 사육중인 양에서 유방염 증상을 보이며 HPAI H5N1이 최초로 확인되었다. 젖소에서 처음 발생한 ‘24년 3월부터 ‘25년 2월 14일 전까지 확인된 인플루엔자 바이러스는 H5N1 clade 2.3.4.4b의 B3.13 유전형이었으며, 미국에서만 확인되고 있는 유전형이다. 한편, 최근 미국 야생조류 및 가금류 등에서 발생하고 있는 H5N1 clade 2.3.4.4b의 D1.1 유전형이 ’25.2월에 네바다주 8개, 아리조나주 1개 젖소 농장에서 새롭게 확인이 되었다(’25.2.21일 현재). 새로운 유전형이 검출된 것은 B3.13만이 젖소에 감염되는 것이 아니라 다른 유전형도 젖소에

감염이 가능함을 보여주고 있다.

‘24년 젖소농장의 발생 이후 ’24년 말까지 미국 내 HPAI H5N1 인체감염은 67건이 보고되었으며, 이중 미국 젖소농장과 관련된 자는 40건(59.7%)이 보고되었고, 이들은 모두 결막염, 발열 및 가벼운 호흡기 증상을 보인 후 완치되었으며 사람 간 전파는 확인되지 않았다.

국내에서 포유류의 HPAI H5N1 발생은 ’23년 오염된 오리고기 생식사료를 섭취한 고양이, ‘25년 3월 감염된 조류를 섭취한 것으로 추정되는 야생 포유류 삵에서의 감염이 확인된 바 있다.

제2장 포유동물 고병원성조류인플루엔자 발생 대비 사전 조치사항

1 위기 경보 단계(관심) 및 주요 방역 조치사항

발생상황		위기단계	주요 조치사항
해외 발생 시 (평시)		관심	· 해외동향 정보 수집·분석 · 유입 방지를 위한 국경검역 추진 · 전국 시도 가축방역기관 비상 방역태세 점검 · 발생 및 인접 사군 일시 이동중지 및 젖소농장 일제검사 사전 준비 · AI 특방기간에 포유류 축산농가 등 홍보(철새도래지 방문 자제, 야생 및 반려조수류 등 침입·접촉 방지조치, 임상증상축 조기신고 사항 등) · 국내 가금농장 및 야생 조수류에서 발생 시 발생농장(발생지역) 관리지역 내 포유류 농장 임상예찰 강화(돼지는 항원검사) · 반려동물 격리 · 치료 시설 지정 등 사전 준비
국내 소·돼지·염소 농장에서 고병원성 AI(H5, H7형) 발생 시	발생지역 (인접 시·군 포함)	심각	· 중앙사고수습본부 운영 · 발생농장 역학조사(필요 시 질병관리청 공동) 및 위험도평가 * 위험도평가는 소 또는 염소에서 발생시 또는 필요시 실시 · 젖소 발생 시 발생 및 인접 시·군 젖소농가 등 일시 이동중지 · 해당농장(시설), 반경 500m 및 역학관련 농장(시설) 이동제한 및 신속한 정밀검사 · 발생 시·군 농식품부 기동방역기구 파견 · 소독·예찰 및 이동통제 등 방역 강화 · 발생지역 이동통제초소 및 거점소독시설 등 설치·운용 · 포유류 축산농가 등 홍보 강화(철새도래지 방문 자제, 야생 및 애완조수류 침입·접촉 방지조치 등) · 축산물 안전성 및 인체감염 예방사항(질병관리청 공동) 대국민 홍보
	비발생지역 (시·군)	주의	· 가축질병방역대책본부, 방역상황실 운영(필요 시) · 발생농장과 역학관련 농장(시설) 이동제한 및 신속한 정밀검사 · 포유류 농장 일제 소독 · 예찰 등 국내방역 추진 강화 · 발생 대비 비상 방역태세 점검 강화 · 포유류 축산농가 등 홍보 강화(철새도래지 방문 자제, 야생 및 애완조수류 침입·접촉 방지조치 등) · 축산물 안전성 및 인체감염 예방사항(질병관리청 공동) 대국민 홍보
발생 축소(진정) 및 종식단계		위기경보 하향	· 조기 근절을 위한 방역대책 추진(소독·예찰 등) · 종식 및 복구 추진

* 여러 시·도에서 발생 등 전국 확산 우려 시 전국 단위의 심각단계 발령

2 관심 단계 주요 방역 조치사항

Ⅰ. 기본원칙

1. 우리나라는 주로 해외로부터 도래하는 철새로 인해 조류인플루엔자가 유입·전파되어 가금산업에 막대한 피해를 미치고 있으며, '24년 3월 미국 젖소농장에서 AI가 발생 및 농장 관계자 등 사람으로의 전파 등 해외에서 포유동물과 사람에서의 AI 발생이 증가하고, '25년 3월에는 AI에 감염된 국내 야생 삵의 폐사가 확인됨에 따라 국내 포유동물을 대상으로 AI 예찰 강화 및 발생 시 대응 체계를 갖출 필요성이 높아지고 있다.
2. 또한, 포유동물 감염을 통한 조류인플루엔자 바이러스의 변이가 나타나 사람에 대한 감염력 및 병원성이 증가할 수 있어, 포유동물에 대한 지속적인 예찰을 통해 전파 요인을 차단하고, 발생 시 신속한 피해 확산을 차단해야 한다.
3. 적용 대상 축종은 소, 돼지, 염소 등의 가축과 개, 고양이 등 반려동물을 구분하여 축종별 특징에 맞는 방역조치를 수행하도록 한다.
4. 포유동물 고병원성조류인플루엔자 감염 위기경보 단계는 '관심-주의-심각' 총 3단계로 운영하며, 적용대상 동물(소·돼지·염소)에서 의사환축 발생 및 고병원성조류인플루엔자 항원 검출이 확인되기 전에는 '관심' 단계를 유지하면서 포유류 가축에 대한 조류인플루엔자 예찰·감시를 추진한다.
5. 포유류 가축(소·돼지·염소)에서 고병원성조류인플루엔자 감염이 확인되면 발생 시·군과 인접 시·군은 위기경보를 '심각' 단계로 상향하고, 이 외의 시·군은 '주의' 단계로 상향 및 여러 시·도에서 발생 등 전국적으로 확산이 우려 시 전국 단위의 '심각' 단계로 상향한다.
6. 국내 포유류 가축에서 고병원성원조류인플루엔자가 발생하기 전에는 포유류 가축의 감염 여부 조사를 위해 젖소 원유를 포함한 포유류 가축에 대한 모니터링 검사를 정기적으로 실시하고, 가축 사육농가에서의 조기 신고, 인체감염 예방을 위해 축산관계자를 대상으로 포유류 가축에 대한 조류인플루엔자 차단방역 및 인체감염 예방조치 사항, 감염 시 임상증상과 신고요령 등에 대한 홍보를 실시한다.

Ⅱ. 기관별 조치사항

1. 농림축산식품부(이하 "농식품부")

1.1. 포유동물에서 고병원성조류인플루엔자 발생 시 아래 내용이 포함된 대응방안 수립·시행 및 지도·홍보

1.1.1. 포유류 가축(소·돼지·염소, 이하 포유류 가축) 및 생산물(원유 등), 반려동물(개·고양이, 이하 반려동물)에 대한 조류인플루엔자 예찰·검사 강화

1.1.2. 축종별 감염축 확인 시 대응방안

1.1.2.1. 젖소농장 발생 시 발생 및 인접 시·군의 젖소농장 등 일시 이동중지(집유장·원유운반차량·집유관련 종사자는 제외) 및 일제검사(집유차량 단위의 원유 검사 등)

1.1.2.2. 발생농장에 대한 이동제한, 방역지역 설정 등 방역관리 사항

1.1.2.3. 검역본부 주관의 위험도평가 및 평가 결과에 따른 발생농장 감염축 등 방역조치 사항

1.1.2.4. 발생농장 원유(젖소)에 대한 처리 방안

1.1.2.5. 돼지, 염소, 반려동물 등 감염 축종별 방역관리 사항

1.1.2.6. 인체감염 예방 및 조류인플루엔자에 대한 방역관리 사항

1.1.3. 포유동물 조류인플루엔자 방역수칙 등 지도·홍보

1.1.4. 축산 관계시설에 대한 방역 지도·점검 강화

1.1.5. 사람과 차량 등 전파 요인에 대한 차단방역 강화

1.2. 비상상황 대비 상황실 운영 및 24시간 비상연락체계 유지

2. 농림축산검역본부(이하 "검역본부")

2.1. 포유동물 조류인플루엔자 발생 시 대응방안에 따른 모니터링 예찰 강화

2.2. 시·도 가축방역기관 정밀검사법 등 기술 지원

2.3. 비상상황 대비 및 비상연락체계 유지

2.4. 비상상황 대비 기동방역기구 인력 편성·관리

2.5. 소·염소농장 발생 대비 살처분 여부 및 범위 설정을 위한 위험도평가 체계 구축

3. 지자체(시·도, 시·도 가축방역기관, 시·군·구)

3.1. 포유동물 AI 모니터링·예찰 계획에 따른 검사 및 방역 지도·점검 등 조치 시행(공통)

- 체계적인 점검 실적 관리를 위해 가축농장 및 축산시설 등에 대한 방역 점검 결과를 국가동물방역통합시스템(KAHIS)에 입력 철저

3.2. 비상상황 대비 및 비상연락체계 유지

3.3. 비상상황 대비 초동대응팀 및 현장 기동조치팀 사전 편성, 방역 인력(동원 가능한 인력 포함) 및 물자 등 자원 실태 파악·관리(공통)

3.4. 발생 대비 거점소독시설 설치 장소 사전 지정(시·군 단위 1개소 이상) 및 지정 도축장 운영 계획 수립 등 사전 준비(공통)

3.5. 관할지역 내 포유류 가축 농장(시설) 및 인근 가금농장 등 축산 관련 시설, 반려동물 관련 시설(동물병원, 보호소 등), 등록된 시설 출입차량, 축산 계열화 사업자, 축산물(가금류 포함) 유통 전통시장 등 방역조치 대상 현황 파악(공통)

3.6. 포유류 가축농장 및 가금농장, 축산 관련 시설, 계열화사업자(가금 포함), 축산물(가금류 포함) 유통 전통시장 등에 종사하는 사람에 대하여 방역수칙 및 인체감염 예방수칙 교육·홍보(공통)

3.7. 발생 대비 포유류 가축(소·돼지·염소)의 살처분 대비 및 원유 등 축산물 소독·폐기에 동원되는 차량·장비·물품 및 인원 등 조달 계획을 미리 수립하고, 밀집사육단지 등 대규모 발생 대비 살처분 계획 별도 수립(공통)

3.7.1. 살처분 예비 인력에 대해서는 인플루엔자 백신 사전 접종, 인체감염 예방 및 방역수칙 등 사전 교육 실시(시·군)

3.7.2. 살처분 예비 인력은 가축방역관, 살처분 처리업체 직원 등으로 구성하고, 인력 동원은 살처분 농장의 사육 규모별로 정함(시·군)

3.7.3. 젖소농장에서 발생 시 격리·치료 또는 살처분 범위 축소에 대비하여 발생농장의 지속적인 원유 소독·폐기를 위한 처리방법, 관련 폐기업체 사전 파악 등 비상상황 발생 시 즉각 대응 체계 구축 (공통)

3.8. 관내 집유장, 유업체 등과 젖소농가 발생 대비 48시간 내 발생 및 인접 시·군 소재 젖소농장 등의 일시 이동중지 및 일제검사 실시를 위한 사전 대응방안 추진 준비

3.8.1. 국내 젖소 감염축 확인 시 발생 및 인접 시·군 젖소농장 등 일시 이동중지(48시간 이내) 기간 중 관할 집유장 집유차량 단위 또는 젖소 농장별 원유탱크(이하 "냉각기")의 원유 검사를 위한 준비

3.8.2. 일시이동중지 지역의 농장을 집유하는 집유장은 관련 집유차량의 검사를 위한 검사 시료를 관할 시험소에 즉시 이송

3.8.3. 집유차량이 매일 집유한 농장별 냉각기 원유 샘플 또는 집유차량 단위 원유 샘플을 1일 이상 보관, 젖소에서 감염축 확인 등 비상상황 발생 시 집유장에서 관할

시험소(본소·지소)에 검사 시료를 즉시 이송 및 신속한 검사 체계 구축

4. 가축위생방역지원본부(이하 “방역본부”)

4.1. 비상상황 대비 및 비상연락체계 유지

4.2. 비상상황 대비 초동대응팀 사전 편성, 방역 인력(동원 가능한 인력 포함) 및 물자 등 자원 실태 파악·관리

4.3. 젖소, 돼지, 염소 등 포유동물 예찰·검사 시료채취

4.4. 포유류 가축농장 정보 현행화 지속

5. 농협

5.1. 비상상황 대비 비상연락체계 유지, 방역 인력 및 물자 등 자원 실태 파악·관리

5.2. 초동대응용 방역 장비 및 용품 비축

5.2.1. 전국 권역에 생석회, 소독제, 방역복 등 비축

5.3. 농협 계통 조직 및 조직원, 축산 관련 시설 종사자 등에 대해 방역 지도·교육

5.3.1. 포유류 축산관계자에 대해 포유동물 고병원성조류인플루엔자에 대한 차단방역 및 인체감염 예방수칙 교육·홍보

5.3.2. 농협중앙회(농협경제지주 포함)는 축산법 제33조의2에 따른 축산업 허가자 등에 대해 포유동물 고병원성조류인플루엔자에 대한 차단방역 및 인체감염 예방수칙 교육·홍보

6. 생산자단체

6.1. 포유류 가축(소·돼지·염소) 농가 및 축산 관련 시설 종사자, 축산 계열화사업자 등을 대상으로 포유동물 조류인플루엔자 긴급행동지침 등에 따른 방역조치사항 및 인체감염 예방수칙을 적극 이행하도록 지도·홍보

6.2. 포유류 가축 발생 시 포유류 가축(소·돼지·염소) 농가 등 축산농가 모임 자제 홍보

6.3. 단체별 회원 농장 등을 대상으로 방역시설과 소독시설을 자체 점검하고 차단방역 수칙을 철저히 이행하도록 지도·홍보

Ⅲ. 포유류 가축(소·돼지·염소) 농장 및 축산 관계 시설 종사자가 준수해야 할 사항

1. 조류인플루엔자 차단을 위한 가축사육 농장의 기본 방역수칙 등 준수

1.1. 사람과 차량 등의 농장 출입통제

1.1.1. 출입시에는 철저히 소독 후 출입

1.1.2. 논·밭에서 사용하는 농기계는 농장 외부 보관, 농장 진입 시 세척·소독

1.1.3. 사육가축이 야생조류, 야생동물 등과의 접촉 차단

1.1.4. 농장 내 고양이 등 외부 출입이 잦은 동물의 축사 출입 차단 및 농장 내 가금류, 반려조류 등 여러 축종의 혼합 사육 지양

1.1.5. 위험시기(동절기 등)에 젖소 등의 야외 방목 지양 및 농장 마당 등 정기적 소독

1.1.6. 야생조수류의 유인 차단을 위해 사료빈, 퇴비장 등 청결하게 관리 및 구서·구충 활동

1.1.7. 종사자는 철새도래지와 소하천, 야산 등 출입금지

1.1.8. 집유차량, 헬퍼 등 다른 농장 방문 시 차량 및 대인 소독 철저

1.1.9. 착유장비 등 농기구 매일 소독관리 철저

1.1.10. 조류인플루엔자 특별방역대책기간 중 철새도래지, 가금농장 등 출입제한

1.2. 농장 방역시설과 소독시설의 정상 작동 여부 매일 확인

1.2.1. 농장 울타리, 차량 진입 차단시설, 야생조수류 차단망, 신발소독조 등 확인

1.2.2. 축사 진입 전 손소독, 신발(장화) 갈아신기 등 준수

2. 인체감염 예방 철저

2.1. 가축사육 관련 작업 시 마스크, 고글, 장갑 등 개인보호구 착용

2.1.1. 젖소농가의 경우 감염 젖소의 원유에 고농도의 바이러스가 존재할 수 있어 착유작업 등의 작업시 고글, 마스크, 방역복 등 개인보호구 착용 철저

2.1.2. 발열, 기침, 인후통, 근육통 등 인플루엔자 유사증상 또는 결막충혈, 결막염, 안구통증, 안구불편감 등의 안구증상 중 하나라도 확인되거나 발생한 경우 관할 보건소 또는 질병관리청(1339) 등에 즉시 신고

2.1.3. 외국인 근로자를 포함한 농장 종사자에 대하여 가축방역 및 인체감염 예방을 위한 방역수칙을 준수하도록 교육 실시

2.2. 농장 발생 시 보건소 또는 질병관리청의 인체감염 및 확산 차단을 위한 방역활동에 협조

3. 다른 농장과 사육 관련 기자재·도구·장비 등 공용 사용 금지

3.1. 공동 사용이 불가피한 경우 철저한 세척 및 유효한 소독제로 소독 실시

4. 임상관찰 및 신고 철저

4.1. 사육 가축에 대한 임상관찰을 매일 실시하고, 이상 시 즉시 가축방역기관에 신고

4.1.1. 젖소의 경우 유량 및 사료섭취 감소, 고름 섞인 유즙 등 이상유 분비, 고열, 호흡곤란 등의 이상증상 발견 시 즉시 신고(1588-9060, 1588-4060)

5. 조류인플루엔자 검사를 위한 가축방역관(방역사)의 시료채취에 적극 협조

5.1. 시료채취 거부 시 「가축전염병 예방법」 제7조 및 제60조에 따른 과태료 부과

6. 「가축전염병 예방법」 제17조제1항에 따른 방역시설과 소독시설을 구비하고 같은 법 제17조의6에 따른 방역기준 준수(연중)

6.1. 법 제17조제9항에 따라 방역시설과 소독시설이 훼손되거나 정상 작동하지 않을 경우 즉시 수리하는 등 보완 조치 이행

7. 축산농장 간 모임 및 방문 자제

3 포유류 가축 · 반려동물에 대한 예찰 · 검사 및 의심축 신고 강화

Ⅰ. 기본원칙

1. 포유류 가축농장(소·돼지·염소) 및 반려동물(개·고양이) 관련 시설(동물병원·보호소 등) 종사자는 「가축전염병 예방법」에 따라 사육하는 가축 및 반려동물을 매일 살펴보고, 발열, 호흡기 증상, 원유(젖소) 생산량 감소 및 이상유 분비, 신경증상(고양이) 등 평소와 다르게 의심증상이 있는 경우 시·도 가축방역기관(☎ 1588-4060, 1588-9060)에 즉시 신고하여야 한다.
2. 시·도 가축방역기관은 조류인플루엔자 특별방역대책기간 동안 상황실을 운영하면서 24시간 비상연락체계를 유지하여 의심축 신고 상황에 철저히 대비하여야 하며, 포유류 가축 농장에서 예찰을 꼼꼼히 실시하고 의심축 발견 시 즉시 신고하도록 지도·홍보하여야 한다.

Ⅱ. 기관별 조치사항

1. 농림축산식품부

1.1. 포유류 가축농장 및 반려동물 관련 시설 등에 대한 포유동물 조류인플루엔자 예찰·검사 계획 시행

1.1.1. 예찰·검사 계획에는 소(원유 포함), 돼지, 염소, 개, 고양이 등 포유류 축종에 대한 검사 계획을 포함

1.1.2. 발생축종 사육농장 및 가축 사육농가 인근의 소하천·저수지·농경지, 농장 진입로, 농장, 차량, 장비·물품, 축산 관련 시설 등에 대한 환경검사 등 모니터링 실시

1.2. 축산농가(가금농장 포함) 조류인플루엔자 예찰, 신고요령 등을 홍보하고, 관계기관 및 지자체, 생산자단체 등도 자체적으로 지도·홍보하도록 조치

2. 농림축산검역본부

2.1. 포유류 가축 농장 및 반려동물 관련 시설 등에 대한 포유동물 조류인플루엔자 예찰·검사 실시

2.2. 조류인플루엔자 특별방역대책기간 동안 적용 대상 동물 및 축산 관련 시설 등에 대한 기획 예찰·검사 실시

* 기획 예찰·검사는 농식품부의 지시 또는 검역본부 자체 계획에 따라 실시

2.3. 포유류 가축 농장 및 반려동물 관련 시설에서 조류인플루엔자 의심 증상을 확인한 경우, 즉시 신고하도록 조류인플루엔자 주요 임상증상과 신고 방법 등을 지도·홍보

2.4. 시·도 가축방역기관(검사기관)의 조류인플루엔자 정밀검사 능력 등에 대한 정도 관리

3. 지자체(시·도, 시·도 가축방역기관, 시·군·구)

3.1. 포유류 가축농장 및 축산 관련 시설 등에 대한 예찰·검사 계획을 이행

3.2. 포유류 가축농장 예찰을 꼼꼼히 실시하고, 이상이 있는 경우 즉시 신고하도록 예찰 및 신고요령 등을 홍보

3.3. 포유류 가축 농장의 의심증상 및 생산물(원유 등) 감소 현황 기록 및 보고 의무를 성실히 이행하도록 지도·홍보하고, 관련 보고 실적 및 이상 시 보고 이행 여부 등을 점검

4. 가축위생방역지원본부

4.1. 조류인플루엔자 긴급행동지침의 "가축위생방역지원본부" 조치사항 준용

5. 수의사회

5.1. 소속 수의사가 동물병원 진료 또는 포유류 가축농장 예찰 과정에서 조류인플루엔자 의심 증상을 확인한 경우, 시·도 가축방역기관에 즉시 신고하도록 지도·홍보

6. 생산자단체

6.1. 단체별 회원 농장, 계열화사업자 등을 대상으로 포유류 가축에 대한 예찰을 꼼꼼히 실시하고, 이상이 있는 경우 즉시 신고하도록 홍보

Ⅲ. 포유류 가축농장 및 축산 관계 시설 종사자가 준수해야 할 사항

1. 대상 동물 농장 종사자는 사육하는 가축을 매일 살펴보고, 호흡기 증상, 폐사, 원유(젖소) 생산량 및 사료섭취 감소 등 평소와 다르게 이상이 있는 경우 시·도 가축방역기관(☎ 1588-4060, 1588-9060)에 즉시 신고
2. 수의사, 계열화 농장 관리자 등이 조류인플루엔자 감염 의심축을 확인한 경우, 시·도 가축방역기관에 즉시 신고하고, 조류인플루엔자 긴급행동지침(제4장. 3. 의심축을 발견한 축산 관련 종사자의 조치)에 따라 농장 내 대기 및 소독 등 방역조치에 따르도록 지도·홍보

제3장 포유동물 고병원성조류인플루엔자 발생시 행동요령

1 위기 경보 단계(주의/심각) 및 주요 방역 조치사항

<table>
<tr><th colspan="2">발생상황</th><th>위기단계</th><th>주요 조치사항</th></tr>
<tr><td colspan="2">해외 발생 시
(평시)</td><td>관심</td><td>· 해외동향 정보 수집·분석
· 유입 방지를 위한 국경검역 추진
· 전국 시도 가축방역기관 비상 방역태세 점검
· 발생 및 인접 시·군 일시 이동중지 및 젖소농장 일제검사 사전 준비
· AI 특방기간에 포유류 축산농가 등 홍보(철새도래지 방문 자제, 야생 및 반려조수류 등 침입·접촉 방지조치, 임상증상축 조기신고 사항 등)
· 국내 가금농장 및 야생 조수류에서 발생 시 발생농장(발생지역) 관리지역 내 포유류 농장 임상예찰 강화(돼지는 항원검사)
· 반려동물 격리 · 치료 시설 지정 등 사전 준비</td></tr>
<tr><td rowspan="2">국내
소·돼지·염소
농장에서
고병원성
AI(H5, H7형)
발생 시</td><td>발생지역
(인접 시·군
포함)</td><td>심각*</td><td>· 중앙사고수습본부 운영
· 발생농장 역학조사(필요 시 질병관리청 공동) 및 위험도평가
* 위험도평가는 소 또는 염소에서 발생시 또는 필요시 실시
· 젖소 발생 시 발생 및 인접 시·군 젖소농가 등 일시 이동중지
· 해당농장(시설), 반경 500m 및 역학관련 농장(시설) 이동제한 및 신속한 정밀검사
· 발생 시·군 농식품부 기동방역기구 파견
· 소독·예찰 및 이동통제 등 방역 강화
· 발생지역 이동통제초소 및 거점소독시설 등 설치·운용
· 포유류 축산농가 등 홍보 강화(철새도래지 방문 자제, 야생 및 애완조수류 침입·접촉 방지조치 등)
· 축산물 안전성 및 인체감염 예방사항(질병관리청 공동) 대국민 홍보</td></tr>
<tr><td>비발생지역
(시·군)</td><td>주의</td><td>· 가축질병방역대책본부, 방역상황실 운영(필요 시)
· 발생농장과 역학관련 농장(시설) 이동제한 및 신속한 정밀검사
· 포유류 농장 일제 소독 · 예찰 등 국내방역 추진 강화
· 발생 대비 비상 방역태세 점검 강화
· 포유류 축산농가 등 홍보 강화(철새도래지 방문 자제, 야생 및 애완조수류 침입·접촉 방지조치 등)
· 축산물 안전성 및 인체감염 예방사항(질병관리청 공동) 대국민 홍보</td></tr>
<tr><td colspan="2">발생 축소(진정) 및 종식단계</td><td>위기경보 하향</td><td>· 조기 근절을 위한 방역대책 추진(소독·예찰 등)
· 종식 및 복구 추진</td></tr>
</table>

* 여러 시·도에서 발생 등 전국 확산 우려 시 전국 단위의 심각단계 발령

Ⅰ. 포유류 가축(소·돼지·염소)에서 발생 시 주요 방역조치

1. 포유류 가축농장에서 고병원성조류인플루엔자 발생 시 발생 시·군과 인접 시·군은 위기단계가 '심각' 단계로 조정되고 심각 단계 이외의 시·군은 '주의' 단계로 조정하며, 가축질병방역대책본부·상황실 운영 등 다른 포유류 가축농장 또는 가금농장으로의 전파 차단을 위한 범정부적 대응 등 추가적인 방역 강화 조치가 시행된다.

 * 여러 시·도에서 발생 등 전국적인 확산이 우려 시 전국 단위의 심각단계 발령 및 모든 지자체에 대책본부·상황실 운영

2. 발생농장은 감염축 확인 즉시 이동제한 조치와 함께 확산 차단을 위해 주변 농장에 대한 예찰강화, 소독 등의 방역조치가 시행된다.

 * 조류인플루엔자는 인수공통감염병으로 인체감염 예방을 위한 차단조치도 병행

3. 발생농장을 중심으로 반경 500m 의 방역지역(관리지역)이 설정되며 방역지역 내 사람과 차량 등 고병원성조류인플루엔자를 전파시킬 수 있는 매개체에 대한 이동제한 조치 및 오염원 제거를 위한 소독 강화 조치가 시행된다.

 * 젖소농가에서 발생하는 경우 48시간 이내의 기간 동안 발생 및 인접 시 · 군의 젖소농장 등 일시 이동중지(집유장, 원유운반차량, 집유관련 종사자는 제외) 및 정밀검사 조치 시행

4. 수평전파 차단을 위해 발생농장과 역학적으로 관련이 있는 농장 및 축산시설, 차량 등에 대한 이동제한 조치도 함께 이루어지며, 정밀검사를 거쳐 양성축이 확인되는 경우 추가 발생농장으로 새롭게 500m 의 방역지역을 설정하여 관리한다. 다만, 500m 방역지역 내에서 추가 발생 시에는 최초 발생 당시의 방역지역을 유지한다.

5. 포유동물에서 고병원성조류인플루엔자 추가 발생 최소화를 위해 전국 또는 지역별, 축종별 포유류 가축의 정밀검사 확대, 환경검사 및 점검 강화, 발생 시·군 단위 이동제한, 발생 계열화사업자 단위의 검사 및 점검 등 강화된 방역조치가 시행될 수 있다.

6. 포유동물 고병원성조류인플루엔자 의심축 발생 시부터 확진, 사후관리 등 세부 조치는 동 긴급행동지침 제3장의 각 조치에 따른다.

 * 소·염소는 축종별 최초 발생 시 감염축을 격리하고 위험도평가 결과에 따라 발생농장 살처분 여부 및 살처분 범위 설정(돼지는 H5·H7형 감염축은 살처분, 동거축은 7일 간격 정기검사(돼지 사육규모별 검사두수는 별표3의 시료채취 요령 참조. 발생 확인시 긴급방역 조치사항 참고)

7. 농식품부는 포유류 가축농장에서 고병원성조류인플루엔자 의심축(의사환축) 발생 시부터 고병원성 확진 시까지 발생상황, 긴급방역조치 및 인체감염 예방을 위한 조치사항 등을

관계기관, 지자체, 생산자단체 등에 신속히 알리고, 추가 발생 예방 및 확산 차단을 위한 방역조치를 시행한다.

8. 지자체는 관내 가축농장 및 축산 관계 시설 등을 대상으로 발생상황, 긴급방역조치 및 인체감염 예방을 위한 조치사항 등을 신속히 알리고, 강화된 방역조치를 시행함과 더불어 현장 이행상황을 지속 점검하여 미비점을 보완하도록 한다.
9. 가축농장 및 축산 관계시설 종사자는 포유류 가축농장 및 가금농장 내 유입 방지를 위해 농장의 방역 시설과 소독시설을 정비하고, 농장 내 사람과 차량의 출입을 엄격히 통제하는 한편, 확산 차단을 위한 정부와 지자체의 방역조치에 적극 협조하여야 한다.
10. 포유류 가축 생산자단체 및 계열화사업자는 소속 농장 및 축산시설 종사자를 대상으로 발생상황, 긴급방역조치 및 인체감염 예방을 위한 조치사항 등을 신속히 알리고, 농장의 방역시설과 소독시설 정비 및 출입통제와 소독 등 차단방역 수칙을 철저히 준수하도록 지도·홍보한다.

Ⅱ. 저병원성 조류인플루엔자 발생 시 주요 방역조치

1. 이동제한 등 저병원성 조류인플루엔자 발생 시의 차단방역 조치를 준용하나, 동물에서의 임상증상 및 인체감염 여부 등에 따라 고병원성조류인플루엔자 발생 시의 방역조치를 적용할 수 있다.

2 의심축 신고 및 의사환축 발생 시 조치사항

Ⅰ. 포유동물 고병원성조류인플루엔자 의심축 발생 신고

1. 축주(관리인 포함)나 수의사 등 축산 관련 종사자 등은 사육 중인 포유류 가축이 고열, 호흡곤란, 사료섭취 및 원유 생산량 감소, 고름 섞인 유즙 등 포유류 가축의 조류인플루엔자 의심 증상을 발견하면 「가축전염병 예방법」 제11조에 따라 즉시 신고 전용 전화(☎ 1588-4060, 1588-9060) 또는 다음의 기관에 신고하여야 한다.

- 시·군·구 및 읍·면·동, 시·도 가축방역기관(보건환경연구원, 동물위생시험소 등), 검역본부(방역감시과), 농식품부(구제역방역과, 조류인플루엔자방역과) 등

* 반려동물(개 · 고양이 등) 관련 시설(동물병원, 보호소 등)에서도 신경증상 등 의심 증상을 발견하는 경우 신고

2. 축주(관리인 포함)나 수의사 등 축산관련 종사자 등으로부터 의심축 신고를 받은 기관은 축주 등에 대해 아래의 조치를 하고, 즉시 시·도, 시·도 가축방역기관 및 검역본부에 보고하여야 한다.

- 농장 내에 머물도록 지시하고 항상 연락이 가능하도록 조치
- 농장의 가축, 분뇨, 원유(젖소 등) 장비, 물품 등의 이동제한 조치
- 모든 차량의 출입 제한
- 농장 내 모든 사람의 외출 금지
- 의심동물과의 접촉 금지

* 의심축을 발견한 수의사 등은 조류인플루엔자 긴급행동지침 "제4장. 3. 의심축을 발견한 축산 관련 종사자의 조치" 에 따른 방역요령을 준수하여야 한다.

3. 가축전염병을 연구·검사하는 기관(대학, 연구기관 등)이 감수성 동물*로부터 H5·H7형 항원(항체)을 검출한 경우에는 전화, 문서 등을 통해 농식품부 (구제역방역과, 조류인플루엔자방역과), 검역본부(방역감시과) 및 관할 시·도(시·군·구)에 즉시 신고하고 검역본부 바이러스질병과에 확인 검사를 의뢰한다

* 소 · 돼지 · 염소 · 개 · 고양이 등의 포유동물

** 야생조수류에서 H5·H7형 항원(항체) 검출 시에는 환경부(야생동물질병관리원)에 신고

Ⅱ. 의심축 발생 신고 접수 및 초기 조치사항

1. 신고(통보)를 받은 시·도 가축방역기관은 임상검사 등을 실시한 결과, 고병원성조류인플루엔자에

걸렸다고 믿을만한 상당한 이유가 있다고 판단한 경우, 별지 제1호 서식의 의사환축 발생신고서를 작성하여 시·도, 농식품부, 검역본부에 보고하여 지시를 받아야 하며, 검역본부에서 운영하는 국가동물방역통합시스템(이하 "KAHIS"라 한다)에 신고서를 등록하여야 한다.

1.1. 시·도 또는 시·도 가축방역기관은 의심축 발생농장에 대한 상세 정보*와 초기 역학 정보 등을 파악하여 농식품부 및 검역본부에 즉시 보고하여야 한다.

* 의심축 발생농장의 사육 축종 및 규모, 임상증상, 최근 검사상황, 방역지역 내 포유동물 및 가금 가축 사육 현황, 농장주 또는 동일 거주지에 거주하는 가족 등이 소유하는 농장 현황 등

1.2. 검역본부는 의심축 발생농장에 대한 역학정보를 추가로 파악하여 농식품부에 보고하고 필요시 역학조사반을 현장에 출동시켜야 한다. 또한, 신속한 방역조치를 위해 KAHIS를 통해 해당 농장에 최근 출입한 축산차량 및 해당 축산차량이 방문한 축산 관계 시설 등 정보를 파악하여 해당 지자체에 통보하고 농식품부에 보고한다.

2. 시·도 가축방역기관은 시·도, 농식품부, 검역본부에 의심축 신고상황 보고 후 해당 농장에 가축방역관을 2명 이상(시료채취반 포함)을 출동시킨다.

3. 시·도 가축방역기관은 가축방역관이 의심장소까지 도착하는데 장시간이 소요될 것으로 예상되는 경우에는 해당 시·군 관계관으로 하여금 신고농장에 먼저 도착하도록 하여 이동제한 등 차단방역을 실시하도록 조치한다.

4. 시·도 가축방역기관 가축방역관은 의심장소로 출발할 때에는 포유동물 조류인플루엔자 항원 검사를 위한 시료채취를 위하여 별표1의 "초기검진 시 긴급방역용 용구", 별표2의 "검사 시료채취 준비물"을 휴대하여야 한다.

Ⅲ. 의심축 신고 농장 도착 후의 조치(시·도 가축방역관)

1. 현장에 도착한 가축방역관은 타고 온 차량은 농장 밖에 주차시키고, 개인보호구(보호복, N95 또는 KF94 마스크, 고글, 장갑, 장화 등)를 착용하고 소독 등 개인 방역조치를 실시하고 농장에 들어간다.

2. 가축방역관 등은 의심축 신고농장 내 모든 동물에 대해 임상검사 등을 실시한다.
   - 1명은 의심축이 있는 축사, 나머지 1명은 의심축이 없는 축사의 동물에 대해 임상검사를 한다.
   - 임상검사, 검사 및 부검(폐사 시) 등을 통하여 의사환축으로 판단되는 경우, 그 결과를 시·도, 농식품부, 검역본부에 즉시 보고하여야 한다.

3. 농장에서 벗어날 경우에는 세척 및 소독 등 방역조치를 실시하여야 한다.

Ⅳ. 의심축 신고농장에 대한 초기 임상검사 결과 등에 따른 조치

1. "의사환축" 또는 "의사환축으로 판단이 어려운" 경우

1.1. 가축방역관은 임상검사 결과를 즉시 소속기관장에게 보고한다.

1.2. 보고를 받은 시·도 가축방역기관은 별지 제2호 서식의 현지조사표에 따라 해당 동물 등에 대한 검진과 가축의 이동상황, 원유 등 생산물의 이동, 분뇨의 이동, 출입자 현황 등 기본적인 역학조사를 실시하여 시·도(시·군)에 보고(통보)하고 이를 KAHIS에 등록한다.

- 발생농장 안의 모든 가축(생산물)·차량·사람·물품 등에 대하여 축사와 농장 밖으로의 이동을 금지시킨다.
- 외부인의 출입을 제한하고 농장 소유자·종사자 동거가족 등에 대하여 외출을 자제토록 조치하고, 보호복·마스크·고글 등 개인보호구를 지급하여 인체감염 예방 조치를 취한다.

  * 인체감염 예방을 위해 개인보호구를 충분히 지급하고, 착용방법 및 주의사항 안내, 인체감염 의심 시 보건소 및 질병관리청 콜센터(1339)에 신고사항 안내

- 검사시료를 채취한 후 검사시료 포장지·포장상자 외부를 철저하게 소독하여 검역본부에 정밀검사(검역본부장으로부터 조류인플루엔자 정밀진단기관으로 지정 받은 시·도 가축방역기관은 자체진단)를 의뢰한다.

2. 의사환축이 아닌 것으로 판단되는 경우

2.1. 가축방역관은 임상검사 등에 따라 "의사환축이 아닌 것으로 판단"된다는 것을 소속 기관장에게 보고하고 시료를 채취하여 병성감정을 의뢰한다.

2.2. 검사결과가 나올 때까지 해당 농장의 가축(생산물)·차량·사람·물품 등 이동통제 등 방역조치를 유지하고, 검사결과 음성으로 최종 판정 시 방역조치를 해제한다.

Ⅴ. 의심축 신고 또는 의사환축 발생 시 기관별 방역조치사항

1. 시·군

1.1. 해당 농장(해당 농장과 조류인플루엔자에 감수성이 있는 가축의 축사가 인접해 있거나 밀집되어 있는 경우에는 발생지)에 대한 가축사람차량 등의 이동제한 조치를 한다.

- 가축위생방역지원본부 초동방역팀을 현장에 투입하여 이동제한 조치한다.
  * 초동방역팀 운영에 관한 세부사항은 조류인플루엔자 긴급행동지침 별표6 준용
- 해당 농장의 출입구를 1개소로 제한하여 통제초소를 설치하고, 통제초소에는 소독조·소독장비를 설치한다.
  * 발생농장이 가축 밀집사육단지에 위치하는 경우 인접한 농장 및 농장 분포 현황, 도로 현황 등을 고려하여 설치한다.
- 축사 내외부·차량·축산기자재에 대한 청소(세척)·소독, 사람에 대한 소독을 실시하도록 조치한다.
- 해당 농장 주변 등의 오염원 제거를 위해 농협 공동방제단을 투입하여 집중 소독을 실시한다.

1.2. 고병원성조류인플루엔자 발생에 대비하여 방역지역 설정 등 아래 방역조치 사항을 준비한다.

- 반경 500m 방역지역 설정 준비 및 방역지역별 가축 사육농장 현황 조사
- 발생지에 현장통제본부를, 해당 시·군에 조류인플루엔자방역대책본부를 각각 설치
- 방역지역별 이동통제초소 및 거점소독시설 설치 준비
- 감염축의 살처분·사체 처리, 원유 등 생산물 처리, 이동통제, 소독, 예찰 등 초동방역을 위한 인력·장비·약품·매몰지 등 조달 준비
- 조류인플루엔자 인체감염 방지를 위한 역학조사 및 예방조치 계획을 수립한다.

1.3. 의심축이 젖소인 경우 해당 시·군 및 인접 시·군 일시 이동중지 및 해당 지역 젖소농장 일제검사(농장별 냉각기 원유 검사) 대비 및 별표6에 따른 검역본부와의 위험도평가를 위한 가축농장 현황 등 자료를 준비한다.

1.4. 해당 지역(의심축 발생 시·군, 인접 시·군, 집유장 관할 시·도 및 시·도 가축방역기관)은 고병원성조류인플루엔자 발생에 대비하여 아래 방역조치사항을 준비한다.

- 주요 도로·장소에 통제초소 및 거점소독시설 설치 준비
- 조류인플루엔자 방역대책본부 및 상황실 설치 준비
- 상황 전파체계 준비 및 점검
- 의심축이 젖소인 경우 일시 이동중지, 젖소농장 일제검사 대비

2. 가축위생방역지원본부

1. 시·군·구로부터 초동방역팀 투입 요청이 있을 경우 지체없이 해당 농장에 초동방역팀을 투입하고 그 세부내역을 시·도 및 시·군·구에 보고한다.

- 초동방역팀은 가축방역관의 감독을 받아 해당 농장에 대한 이동통제 및 소독 등 가축방역관의 임무를 지원한다.

  * 초동방역팀의 임무 등에 대하여는 조류인플루엔자 긴급행동지침 별표6호 초동방역팀 운영요령 참고

2. 의사환축 발생농장 방역지역(관리지역) 내 가축 사육농장을 대상으로 전화예찰 (별표11)을 실시하고, 차단방역수칙 등 방역 홍보를 강화한다.

3. 일시 이동중지 시행에 대비하여 상황 전파체계 준비 및 점검

3. 시·도 가축방역기관

1. 해당농장에 가축방역관을 파견하고, 별지 제2호 서식의 현지조사표에 따라 당해 동물 등에 대한 검진과 가축의 이동상황, 원유 및 분뇨의 이동, 출입자 현황 등 기본적인 역학조사를 실시하고 시·도(시·군)에 보고(통보)하고 이를 KAHIS에 등록한다.

2. 가축 및 그 생산물의 이동사항, 출입자, 출입차량 등에 대한 역학조사를 실시한다.

3. 발생농장의 이동제한, 소독 및 매몰 등 방역 기술지원을 실시한다.

4. 현장 파견 가축방역관으로 하여금 검사시료를 채취하여 정밀검사가 실시 될 수 있도록 조치(검역본부장으로부터 조류인플루엔자 정밀진단기관으로 지정 받은 시·도 가축방역기관은 정밀검사 실시)한다.

- 별표3 시료채취, 송부 및 진단요령에 따라 정밀검사를 위한 시료를 채취·송부하고 진단업무를 수행한다.

5. 의심축이 젖소인 경우 의심축 발생 시·군 및 인접 시·군 일시 이동중지 및 젖소농장 일제검사(농장별 냉각기 원유 검사 또는 집유차량 검사) 대비 및 별표6에 따른 검역본부와의 위험도평가를 준비한다.

4. 시·도

1. 의심축 또는 의사환축 발생 사실을 지체없이 농식품부(구제역방역과, 조류인플루엔자방역과), 검역본부 및 질병관리청에 유선으로 우선 보고하고, 시·도 가축방역기관에서 KAHIS에 입력한 상황을 확인 등록한 후, 타 시·도에 통보한다.

2. 시·군 및 시·도 가축방역기관에 "의사환축 발생"에 따른 긴급 방역조치사항을 시달하고 추진상황을 점검한다.

3. 고병원성조류인플루엔자 발생에 대비하여 방역지역 설정 등 아래의 방역조치사항을 준비한다.

- 발생지역 소재 군부대, 시·도 경찰청의 방역통제 인력 지원체계 확인
- 시·군 및 시·도 가축방역기관에 긴급 방역조치사항 시달 및 점검
- 발생 시·군 등에 긴급방역비 지원을 위한 예비비 확보 준비
- 의심축이 젖소인 경우 발생 시·군 및 인접 시·군 일시 이동중지 및 젖소농장 일제검사(농장별 냉각기 원유 검사) 대비 및 별표6에 따른 검역본부와의 위험도평가 준비

5. 농림축산검역본부

1. 의심축 및 의사환축 발생 사실을 통보받은 즉시 농식품부에 보고한다.
- 보고 시 방역지역 내 조류인플루엔자 감수성 축종 농장 현황을 포함한다.

2. 해당 농장을 방문한 축산차량의 이동 정보와 출입시설 기록 등을 KAHIS를 통해 수집하고 관련 지자체에 통보하여 신속한 방역조치가 가능하도록 조치한다.

3. 시·도 가축방역기관이 조사한 1차 역학조사 내용을 전달받아 추가 역학조사 및 역학분석을 실시하고 방역조치 대상을 선정하여 시도, 농식품부에 보고(통보)
- 역학조사는 필요시 질병관리청과 협의하여 공동역학조사 실시

4. 채취 시료에 대한 정밀검사를 신속히 실시하고, 그 검사 결과를 KAHIS에 등록 및 농식품부에게 보고하며, 시·도 및 유관기관(질병관리청, 환경부 등)에게 통보

5. 고병원성조류인플루엔자 방역대책상황실(실장 : 본부장) 설치 준비

6. 기동방역기구 파견 대비 관계관 출동 준비(초동대응팀 포함)

7. 시·군·구, 시·도 가축방역기관 및 시·도의 방역조치에 필요한 기술 지원

8. 의심축이 젖소인 경우 발생 시·군 및 인접 시·군 일시 이동중지 및 젖소농장 일제검사(농장별 냉각기 원유 또는 집유차량별 집합 원유 검사) 대비 시·도 가축방역기관 검사 지원

9. 젖소농장 일제검사, 역학조사 결과 등을 포함하여 살처분 여부 및 범위 설정을 위해 지자체 등과의 별표6에 따른 위험도평가 준비

6. 농림축산식품부

1. 의사환축 발생에 따른 의심축 발생 시·군 및 인접 시·군에 대한 "심각"단계 위기경보 발령을 준비하고 상황 전파 및 긴급 방역조치 송부

- 국가안보실(국가위기관리센터), 대통령비서실(농해수비서관실), 행정안전부(농축산해양재난대응과) 등 포함

2. 고병원성조류인플루엔자 발생에 대비하여 각종 방역조치사항을 준비하고 필요시 가축방역심의회를 개최하여 주요 방역조치를 심의한다.

3. 조류인플루엔자방역대책본부(본부장 : 장관) 설치 및 기동방역기구 파견 준비

4. 국방부·경찰청 및 질병관리청 등에 의사환축 발생사실의 통보 및 고병원성 판정 대비 방역인력 지원체계 점검 및 인체감염 방지조치 협조체계 확인·점검

5. 젖소 발생 시 발생 시·군 및 인접 시·군 이동중지 시행 대비, 상황 전파체계 준비 및 점검

3 의심축을 발견한 축산 및 관련 종사자의 조치

1. 기본원칙

1. 수의사 등 축산관련 종사자가 조류인플루엔자 의심축(소·돼지·염소)을 발견하는 경우에는 축주로 하여금 해당 농장의 가축, 사람, 차량, 물품, 분뇨 등의 이동을 제한하고, 시·군 및 시·도 가축방역기관 등에 신고한 후 농장 내에서 대기하여야 한다.

* 축산관련 종사자 : 임상수의사, 농장관리자, 동물약품·사료 판매자, 연구소 등의 책임자 등

2. 수의사 등 축산관련 종사자가 의심축 발견 시 신고 및 대응요령

2.1. 검안·진단 수의사, 동물약품·사료판매자(이하 수의사 등)

2.1.1. 환축을 발견한 경우 축주에게 환축이 조류인플루엔자 감염 의심축임을 설명하고, 즉시 관할지 읍·면장, 시장·군수 또는 시·도 가축방역기관장에게 전화 등으로 신고한다.

2.1.2. 수의사 등은 시·도 가축방역관이 농장에 도착할 때까지 농장을 떠나지 말고 축주에게 다음의 긴급 방역조치를 취하도록 지도한다.

- 확산 방지를 위하여 의심축을 격리하고 모든 사육동물(소, 돼지, 염소, 개, 고양이 등)을 묶거나 축사 문을 닫아 의심축과 접촉하지 못하도록 한다.
- 의심축과 개인방역보호구(보호복, 마스크, 고글, 장갑 및 장화 등) 착용 없이 접촉하지 못하도록 한다.
- 해당 농장에 방역관계자 이외에는 출입을 금지한다.
- 농장의 출입구를 1개소로 하고 소독조를 설치한다. 동력분무기나 휴대용분무기가 있으면 설치한다. 또한, 각 축사의 출입구에 신발 소독조를 설치하고 이미 설치되어 있는 경우 새로운 소독약으로 교체한다.
- 축주와 관리자, 가족에게 조류인플루엔자 정밀검사 결과가 나올 때까지 외출하지 못하도록 한다. 다만, 긴급을 요하는 경우(질병 등)에는 소독한 후 출입을 허용한다.
- 농장에 차량 등이 출입하지 않도록 한다. 불가피하게 출입이 필요한 경우에는 충분하게 소독한 후 출입시킨다.
- 배수구를 폐쇄한다.
- 농장 사육시설, 옥외, 농장 밖으로 원유, 사료, 퇴비 등을 반출하지 못하도록 한다.

2.1.3. 가축방역관이 도착하면 모든 현장상황을 설명하여 인계한 후 필요한 경우 시료 채취 등에 협조한다.

2.1.4. 농장을 떠날 때에는 가축방역관의 입회 하에 신체·의복·신발·안경 및 진료기구·가방 등 휴대한 물품에 대한 소독을 실시하고 타고 온 차량에 대하여 세차·소독을 실시한다. 착용한 의복을 벗고 깨끗한 다른 의복 또는 일회용 방역복으로 갈아입은 다음 코를 풀고 입을 헹군 후 진료를 중단하고 귀가하도록 한다.

2.1.5. 귀가 후 다시 차량, 진료기구, 기타 휴대물품, 의복·신발 등을 완전히 소독하고 목욕을 한 후 새로운 의복으로 갈아입는다.

2.1.6. 정밀검사 결과 조류인플루엔자가 아니라는 연락이 있기 전까지 외출을 삼가고 감수성 가축을 사육하는 자 등과 만나지 않는다.

2.1.7. 고병원성조류인플루엔자로 판정될 경우 최종 접촉일부터 7일이 경과할 때까지 감수성 가축을 사육하는 자 등과 만나지 않는다.

2.1.8. 저병원성 조류인플루엔자로 판정될 경우 관련 차량은 세척 · 소독, 사람은 사워 · 환복 후 환경검사 음성인 경우 이동을 허용한다.

2.2. 그 외 축산 관련 종사자의 의심축 발견 시 조치사항

2.2.1. 축주에게 농장에서 조류인플루엔자 의심축을 발견하였음을 설명하고, 즉시 관할지 읍 · 면장, 시장 · 군수 또는 시 · 도 가축방역기관장에게 전화 등으로 신고한다.

2.2.2. 축산관련 종사자는 시 · 도 가축방역관이 도착할 때까지 농장을 떠나지 말고 축주에게 다음의 긴급방역조치를 취하도록 지도한다.

- 확산 방지를 위하여 의심축을 격리하고 모든 사육동물(소, 돼지, 염소, 개, 고양이 등)을 묶거나 축사 문을 닫아 의심축과 접촉하지 못하도록 한다.
- 의심축과 개인방역보호구(보호복, 마스크, 고글, 장갑 및 장화 등) 착용 없이 접촉하지 못하도록 한다.
- 농장의 출입구를 1개소로 하고 소독조를 설치하여 방역관계자 이외에는 출입을 금지한다. 동력분무기나 휴대용분무기가 있으면 설치한다. 또한, 각 축사의 출입구에 신발 소독조를 설치하고 이미 설치되어 있는 경우 새로운 소독약으로 교체한다.
- 축주와 관리자, 가족에게 조류인플루엔자 정밀검사 결과가 나올 때까지 외출하지 못하도록 한다.
- 농장에 차량 등이 출입하지 않도록 한다. 다만 사료 등 불가피하게 반입이 필요한 경우에는 농장 입구에서 대기토록 한다.

- 배수구를 폐쇄한다.
- 농장 사육시설, 옥외, 농장 밖으로 원유, 사료, 퇴비 등을 반출하지 못하도록 한다.
- 가축방역관이 도착하면 모든 현장 상황을 설명하고 시료 채취 등에 협조한다.

2.3. 현장에 도착한 시 · 도 가축방역관의 축산관련 종사자에 대한 조치사항

2.3.1. 포유동물 고병원성 조류인플루엔자 확진시를 대비하여 축산관련 종사자가 의심축 신고농장을 방문한 날을 기준으로 과거 21일 전까지 방문한 감수성 가축 사육 농장 현황을 조사한다.

2.3.2. 정밀검사 결과가 나올 때까지 축산 관련 종사자가 농장 내에 대기토록 조치한다.

- 부득이 농장을 벗어나야 할 경우에는 가축방역관이 직접 신체, 의복, 안경, 진료기구, 진료 가방 등 휴대한 기구 · 장비를 폐기 또는 소독한다.
- 타고 온 차량에 대하여 내·외부에 대한 세차 · 소독을 실시한다.
- 착용한 의복을 벗고 깨끗한 다른 의복 또는 일회용 방역복으로 갈아입고, 코를 풀고 입을 헹군 후 다른 곳을 방문하지 않고 즉시 귀가토록 한다.

2.3.3. 귀가 후 다시 차량, 진료기구, 기타 휴대용구, 의복 등을 완전히 소독하고 손, 발을 씻고 목욕한 후 다른 의복으로 갈아입도록 조치한다.

2.3.4. 정밀검사 판정 시까지 외출을 삼가고 감수성 가축 사육농장 방문 및 관계자와 접촉하지 않도록 조치한다.

2.3.5. 고병원성조류인플루엔자로 판정될 경우 최종 접촉일로부터 7일이 경과할 때까지 감수성 가축을 사육하는 농장 및 관련 시설에 출입을 금지하고 감수성 가축과 접촉하지 않도록 조치한다.

- 축산 관련 종사자의 명단(성명, 연락처 등)을 보건소에 인계하여 인체감염 예방조치를 받을 수 있도록 한다. (축산 관련 종사자는 발생농장을 방문 후 10일 이내 발열, 기침, 인후통, 근육통 등 인플루엔자 유사증상 또는 결막충혈, 결막염, 안구통증, 안구불편감 등의 안구증상 중 하나라도 확인되거나 발생한 경우 관할 보건소로 연락하여야 함)

2.3.6. 저병원성 조류인플루엔자로 판정될 경우 관련 차량은 세척 · 소독, 사람은 샤워 · 환복 후 환경검사 음성인 경우 이동을 허용한다.

4 일시 이동중지(Standstill) 조치 요령

1. 일시 이동중지의 정의

1.1. 고병원성 조류인플루엔자가 젖소에서 발생하였거나 전국적으로 확산되어 심각한 피해가 발생할 것으로 판단되는 경우, 발생 시·군 및 인접 시·군별 (필요시 확대) 젖소농장 및 관련 작업장 등에 가축·사람·차량·물품 등의 출입을 일시 이동중지(48시간 이내 - 필요시 연장)하는 조치를 말한다.

※ 미국 젖소 발생상황 등을 고려하여 우선 젖소농장 발생에 한해 적용하되, 타 축종 발생 시 이를 준용할 수 있다.

2. 일시 이동중지 발령권자, 시점 및 적용범위

2.1. 농림축산식품부장관 또는 시·도지사는 젖소농장 발생지역, 발생 상황 등에 따라 일시 이동중지를 발령할 수 있으며 발령시점은 다음과 같다

- 젖소에서 발생 시(의사환축 발생 포함)
- 시·도 단위에서 신규로 발생 시
- 가축방역심의회에서 결정 시 등

2.2. 적용범위는 젖소 발생 시(의사환축 포함)에는 발생 시·군 및 인접 시·군 단위로 발령하고, 이후부터는 가축방역심의회에서 발생지역 이외에 추가 발생상황, 사람·차량 등의 역학 관련 사항, 감염축 및 인체감염의 피해상황 등을 고려하여 결정한다. 다만, 긴급을 요하는 경우에는 농식품부장관이 가축방역심의회를 거치지 않고도 발령할 수 있다.

- 시·도지사는 일시 이동중지 명령 시 지방 가축방역심의회를 통해 적용범위 및 시간 등을 논의하여야 하며, 농림축산식품부장관과 협의를 거쳐 발령하여야 한다.

2.3. 2.1 및 2.2에 따른 일시 이동중지 명령 발령 시점, 적용범위 및 시간은 방역상황에 따라 달라질 수 있다.

3. 일시 이동중지 적용 대상

3.1. 일정 지역 또는 전국의 젖소 또는 젖소 사육농장에 가축·사람·차량의 출입금지

3.2. 일정 지역 또는 전국의 젖소 관련 작업장에 사람·차량·물품 등 이동금지

3.3. 다만, 원유차량·집유장은 시·군·구 축산관계관 등의 방역조치강화 전제조건(시설소독 및 차량 내외부 세척·소독, 방문농장 최소화) 하에 예외

4. 일시 이동중지 전파

4.1. 발령권자는 관계부처, 지자체, 관련단체 및 협회에 공문조치 및 언론 등을 통해 발표한다.

4.2. 검역본부장은 KAHIS에 등록되어 있는 해당 지역의 젖소 사육농장 및 축산 관계자에 대해 SMS 등을 통해 일시 이동중지 사항을 전파한다.

4.3. 시·도지사 및 시·군·구청장은 관내 모든 축산농장·축산관련 종사자(업체)에게 SMS 및 마을방송 등을 통해 상황을 전파하고 동시에 「가축전염병 예방법」 시행규칙 제22조의5 규정에 따라 '이동중지 명령'을 공고한다.

* SMS 예시 : ○○군 젖소에서 고병원성 조류인플루엔자 발생, ○○월 ○○일 ○○시까지 모든 젖소 사육농장 및 작업장에 젖소·사람·차량·물품 등 이동금지 발령

- 소는 이력관리시스템 문자발송 활용, 기타 축종 및 축산관련 종사자(업체)는 사전에 기초정보(이름, 핸드폰 등)을 확보하여 정리한다.

4.4. 농협·축종별단체·협회는 자체 연락망을 통해 일시 이동중지 발령 및 준수사항을 전파

- 특히, 가축시장·도축·원유·사료·동물약품·분뇨·기자재 등 모든 축산관련 작업장의 경영자는 소속 직원 및 지입차량 기사 등에게 즉시 통보

5. 일시 이동중지 이행상황 점검, 이동중지 적용 대상자별 조치요령 및 방역조치 사항

5.1. 조류인플루엔자 등 가축전염병 긴급행동지침을 준용한다.

5 발생 확인 시 긴급 방역 조치사항

Ⅰ. 기본원칙

포유류 가축 농장에서 고병원성조류인플루엔자 발생이 확인된 경우, 전파 및 확산 방지를 위한 대응조치가 시행되며, 가축방역기관은 가용 자원을 총동원하여 양성축 살처분(H5·H7형 감염 돼지에 한하며, 소·염소는 축종별 첫 발생 시의 위험도평가 결과에 따라 살처분을 실시하고 그 전까지는 별도 격리), 발생농장 이동제한, 소독, 추가 검사 등의 방역조치를 철저히 이행하여야 한다. 아울러, 개인보호구 착용 등 인체감염 예방을 위한 조치에 만전을 기해야 한다.

또한, 가축 사육농장 및 축산시설 종사자 등 축산 관계자는 가축 및 사람에서의 감염·전파 및 확산 방지를 위한 방역조치에 적극 협조하여야 하며, 농장 출입통제와 소독 등 차단방역에 만전을 기해야 한다.

Ⅱ. 고병원성조류인플루엔자 발생 시 기관별 방역조치사항

1. 농림축산식품부

1.1. 조류인플루엔자 중앙사고수습본부(본부장 : 장관)를 설치하고, 상황 진단 회의를 통해 긴급방역대책을 시행한다.

1.2. 현장 통제 및 상황 관리를 위한 기동방역기구를 운영하고, 기동방역기구는 발생지역에 대한 이동통제, 소독 및 발생축종에 따른 격리·치료 또는 살처분 처리 등을 위한 현장 지도 업무를 수행한다.

1.2.1. 기동방역기구는 「가축전염병 기동방역기구 운영요령(농식품부 고시)」 및 조류인플루엔자 SOP 별표 5 기동방역기구 구성 및 운영요령에 따라 운영한다.

1.3. 포유동물 고병원성조류인플루엔자 발생사실과 긴급방역대책을 언론 등을 통해 발표한다.

1.4. 양성축 살처분(또는 격리·치료) 및 발생농가 이동제한 등 고병원성조류인플루엔자 방역대책으로 인한 농가의 피해를 지원하기 위한 대책을 수립·시행한다.

1.5. 필요 시 국무회의 등에 발생상황 및 대책 등을 보고하고 관련 부처에 협조 요청한다.

1.5.1. 대통령실, 국무총리실, 기획재정부, 외교부, 국방부, 행정안전부, 환경부, 보건복지부(질병관리청), 국토교통부, 해양수산부, 문화체육관광부, 식품의약품안전처, 관세청, 경찰청 등 관련부처에 포유동물에서의 고병원성조류인플루엔자 방역,

축산물수급안정 및 안전과 관련한 협조사항을 요청한다.

1.6. 전파 및 확산 방지를 위해 필요한 경우, 지역별(필요시 전국), 축종별 조치로 발생 축종 및 가금류 정밀검사 확대, 입식 전 환경검사 및 점검 강화, 소독자원 동원 지시, 발생농가, 관리지역 및 역학관련 농장(시설)에 대한 시군 단위 이동제한, 발생농가의 7일 단위 동거축 정밀검사 등의 방역조치를 시행한다.

1.6.1. 젖소농장 발생인 경우 48시간 이내의 발생 및 인접 시·군의 젖소농장 등 일시 이동중지명령 및 해당기간 내에 가축방역기관으로 하여금 별표8에 따른 해당 지역의 젖소농장 일제검사를 실시한다.

* 일제검사는 일시 이동중지 기간 내 완료할 수 있도록 조치하되, 해당지역의 보유 장비, 물리적 소요시간 등의 이유로 기간 내 검사 완료가 어려운 경우 발생지역, 철새도래지 등 발생 위험도가 높은 지역 등을 우선적으로 검사

1.6.2. 소 및 염소 농장에서 발생하는 경우 검역본부·지자체(필요시 외부전문가 등 포함)로 하여금 발생농장 감염축의 살처분 여부 및 범위 설정을 위한 위험도평가를 실시하도록 한다.

1.6.2.1. 위험도평가는 소·염소에서 발생 시 검역본부 주관으로 실시하며(지자체 협조), 발생 이후 필요시 상황에 따라 추가로 실시할 수 있다.

1.6.2.2. 위험도평가는 별표 6에 따라 발생축종에서의 피해도, 농장내 감염축 비율, 다른 농장으로의 확산 정도 및 인체감염 정도 등을 고려하여 실시한다.

1.7. 세계동물보건기구(WOAH)와 관련 국가에 고병원성조류인플루엔자 발생과 관련된 사실을 통보하도록 검역본부에 지시한다.

1.7.1. 필요한 경우 국제표준연구소에 검사를 의뢰하도록 검역본부에 지시한다.

1.7.2. 검역본부에 질병관리청과 협조하여 분리된 고병원성조류인플루엔자 바이러스의 인체에 대한 병원성 여부 검사 등의 조치를 취하도록 지시한다.

1.7.3. 주요 수출국에 고병원성조류인플루엔자가 발생하였음을 통보하고, 발생 축종 및 그 생산물에 대한 수출 검역을 강화한다.

1.8. 포유동물 고병원성조류인플루엔자 감염증에 대한 대국민 홍보를 실시한다.

1.8.1. 고병원성조류인플루엔자 발생 및 방역조치 관련 보도자료를 배포한다.

- 축산농가가 지켜야 할 주의사항, 고병원성조류인플루엔자 주요 임상증상 및 이상증상 발견시 신고요령, 인체감염 예방수칙(질병관리청 협조) 등을 홍보한다

1.8.2. 유제품 등 축산물 소비 위축 방지 등을 위해 국내 축산물의 안전성을 적극 홍보한다.

- 소비자에게 고병원성조류인플루엔자와 관련한 정확하고 올바른 정보를 제공한다.
- 살처분·매몰 장면 등 자극적인 영상·사진(모자이크 포함) 등에 대한 언론보도 자제를 요청한다.

2. 농림축산검역본부의 조치사항

2.1. 조류인플루엔자 방역대책상황실을 설치·운영하며, 상황실에 종합상황반, 역학조사반, 정밀진단반, 검역대책반 등을 두어 업무를 분장시키되 유기적으로 협조하도록 한다.

2.2. 발생에 따른 긴급방역조치를 KAHIS에 등록되어 있는 발생축종 사육농가 및 축산 관계자에 대해 SMS 등을 통해 전파한다.

2.3. 고병원성조류인플루엔자의 혈청형을 신속히 확인하고 추가 발생에 대비하여 상시 진단체계를 구축하며, 바이러스 특성(부검소견, 임상증상 등)에 대한 사진 및 매뉴얼을 제작하여 지자체, 일선 수의사 등에 신속히 전파한다.

2.3.1. 필요한 경우 보건복지부, 질병관리청과 협조하여 분리된 고병원성조류인플루엔자 바이러스의 인체에 대한 병원성 여부 검사 등의 조치를 취할 수 있다.

2.4. 현장 방역상황을 고려하여 필요시 시·군·구, 시·도 가축방역기관 및 시·도의 방역 조치에 필요한 기술지원 등을 위하여 방역전문가를 파견할 수 있다.

2.5. 중앙역학조사반으로 하여금 발생원인, 유입 및 전파경로 등 역학조사 및 분석을 실시하도록 하고, 필요시 질병관리청과 공동 역학조사를 실시한다.

2.5.1. 검역본부장은 필요한 경우 대학교수 등 민간전문가와 생산자단체 대표 등으로 중앙역학조사위원회를 구성하여 자문을 받는다.

2.5.2. 국내 최초 유입시기, 유입경로 및 발생농장 밖으로의 전파 가능성 등을 파악하기 위하여 발생농장의 출입자, 출입차량 및 가축의 이동 상황 등에 대한 역학조사 및 추적을 실시한다.

2.5.3. 발생농장을 방문한 축산차량의 이동 정보와 출입 시설 기록 등을 KAHIS를 통해 수집하고 관련 지자체에 통보하여 신속한 방역조치가 가능하도록 조치한다.

- 해당 지자체는 역학 관련 시설 등에 대한 이동통제 등 방역조치를 신속히 이행

2.5.4. 국내 유입경로 조사 및 분석을 위해 필요한 경우 국내에 도래하는 야생철새 등에 대한 예찰 계획을 수립하고 정밀진단반과 협조하여 예찰을 실시한다.

2.6. 발생농장의 감염축 살처분 여부 및 살처분 범위 등의 결정을 위한 위험도평가를 실시하고 그 결과를 농식품부장관에게 보고한다.

2.6.1. 위험도평가는 발생농장의 감염축 규모, 발생지역의 감수성 가축 사육농장의 밀집도, 전국적 발생 상황, 가축에 대한 바이러스의 병원성 등을 고려하고, 관할 지자체, 필요시 학계 전문가, 생산자단체 등과 함께 실시할 수 있다. (별표 6 발생농장 위험도평가 요령 참조)

2.7. 검역대책반으로 하여금 유입경로의 추적 등을 위한 해외정보를 수집·분석하고, 필요한 경우 상대국 검역기관과의 연락체계를 구축하여 정보의 신속한 입수가 가능하도록 조치한다.

2.8. 고병원성조류인플루엔자 유입차단을 위한 검역강화조치, 밀수방지, 남은 음식물 처리, 해외여행객 홍보 등 필요한 조치를 취한다.

2.8.1. 발생축종 육류 및 그 생산물의 수입검역을 강화한다.

2.9. 수출검역물의 반송 상황 발생에 대비한 검역대책을 수립·시행한다.

2.10. 대국민·축산농가 대상 신고 및 방역요령 등 홍보를 강화한다.

2.11. 농식품부, 시·도 및 생산자단체의 요청이 있을 경우 고병원성조류인플루엔자의 예방요령, 축산물의 안전성, 소독약품의 사용 등에 관한 기술적 자료를 제공한다.

3. 시·도의 조치사항

3.1. 조류인플루엔자 방역대책본부를 설치·운영하고 종합상황반, 방역대책반, 유통수급반, 행정지원반, 홍보반, 인체감염 대책반 등을 두어 비상 방역업무를 분장하여 유기적으로 협조하도록 한다.

3.2. 발생지역의 시·도는 발생농장 반경 500m에 대해 방역지역을 설정하여 사람·차량·가축 등의 이동통제 및 살처분, 소독 등 방역업무를 수행하도록 지시하고, 시·도 가축방역기관에게 방역기술을 지원하도록 지시한다.

3.2.1. 젖소농장 발생인 경우 48시간 이내의 기간 동안 발생 및 인접 시·군의 젖소농장 등 일시 이동중지 및 시·도 가축방역기관에서 해당 기간 내에 해당 지역 내의 젖소농장(농장별 냉각기 내 원유 검사 또는 집유 차량별) 일제검사를 하도록 지시한다.

3.3. 발생지역의 시·도는 발생농장의 사육축종에 따라 아래와 같은 방역조치를 취한다.

3.3.1. 소 및 염소의 경우 즉시 발생일로부터 30일간의 이동제한을 실시하고, 검역본부와 함께 발생농장 사육가축 살처분 여부 및 살처분 범위 설정을 위한 위험도평가를

실시한다.

3.3.1.1. 검역본부의 위험도평가 결과에 따라 발생농장의 사육가축에 대한 살처분 또는 격리·치료를 실시하고 격리·치료 시 사육가축에 대해 정기적으로 개체별 항원검사를 실시하도록 한다.

3.3.1.2. 이동제한 기간 경과 후 임상증상이 사라지고 정기검사 결과 연속 2회 항원 음성 및 최종 환경검사 결과 음성 확인시 이동제한을 해제한다.

3.3.1.3. 발생 당시 농가에서 보관 중인 원유 및 이동제한 기간 중 생산된 원유는 전량 소독·폐기 조치한다.

3.3.2. 돼지의 경우 감염축(H5, H7 항원)은 살처분하고 발생일부터 7일 간격으로 동거축에 대한 사육단계별 항원검사를 실시한다.

3.3.2.1. 동거축에 대한 정기검사 결과 음성 확인시까지 이동제한을 실시하고, 도축장 출하는 개체별 정밀검사 결과 음성 개체에 한해 출하 조치한다.

< 돼지 발생농장 동거축 사육단계별 검사시료 채취 두수>

사육규모	모돈	30일령	60일령	90일령	120일령	출하일령	계
200두미만	6	6	6	6	6	8	38
200~399두	7	7	7	7	7	11	46
400~499두	8	8	8	8	8	12	52
500두~2,000두 미만	9	9	9	9	9	11	56
2,000두 이상	10	10	10	10	10	10	60

3.4. 역학조사 결과 역학관련 농가 관할 시·도는 해당 농가의 가축에 대해 정밀검사를 실시하여 감염축 여부를 확인한다.

3.5. 발생지역의 시·도 및 역학관련 농가가 소재한 시·도는 해당 시·군·구 또는 관할 가축위생방역지원본부에게 방역지역 내 조류인플루엔자 감수성이 있는 가축 사육농장에 대한 전화 등을 통한 예찰을 실시하도록 한다.

- 관리지역(500m) 안의 감수성 가축 사육농장과 보호지역(3km) 안의 가금사육농장에 대해서는 발생 사실이 공표된 날부터 2일 이내, 예찰지역(10km) 안의 가금사육농장에 대해서는 3일 이내에 예찰 완료, 역학관련 농가에 대해서는 역학 관련 사실을 알게된 날부터 2일 이내에 예찰을 완료하고, 이동제한 해제 시까지 주기적인 예찰을 실시한다.
- 임상예찰은 시·군·구가 지정한 가축방역관이 실시하고 의심징후 발견 시 시·도 및 시·도 가축방역기관에게 즉시 보고한다.

※ 가금 사육농장에 대해서는 조류인플루엔자 긴급행동지침의 보호지역(500m~3km)과 예찰지역(3~10km) 적용

3.6. 사람·차량·가축 및 축산물 등 이동통제를 위한 통제초소를 운영하고, 가축의 살처분· 매몰 등 방역조치를 위하여 필요시 시·도 경찰청 및 발생지 관할 군부대 등에 방역인력의 지원을 요청한다.

3.7. 지역방송망 등 홍보매체를 통하여 주민과 축산농가를 대상으로 고병원성조류인플루엔자 임상증상, 의심축 발생 시 신고요령, 인체감염 예방수칙 및 방역상 필요한 사항 등에 대해 홍보한다.

3.8. 방역지역 내 고병원성조류인플루엔자 전파 가능성이 있는 야생동물 및 설치류에 대하여는 살처분 또는 구서 대책을 수립·시행한다.

3.9. 방역지역 내 이동제한 등 방역조치에 따른 원유·사료·가축분뇨·식육·부산물 처리대책을 수립·시행한다.

3.10. 방역지역 내 사료공급차량은 지정차량을 배치하여 운행한다. 그 외 사료 공급은 동 지침 3장 중 "17. 사료 및 조사료 공급 요령"에 따른다.

3.11. 관리지역에서 생산되는 원유(젖소)는 지정 차량을 이용하여 집유한다. 그 외 원유 처리는 동 지침 3장 중 "19. 원유 처리 요령"에 따른다.

3.12. 산업적 보존 가치가 높은 종축 등의 농장에 대해 해당농장 및 관할 시·군·구로 하여금 방역강화 방안을 수립하여 방역조치를 추진하도록 조치한다.

3.13. 시·도는 조류인플루엔자의 확산 방지를 위해 역학조사 결과에 근거하여 필요 시 긴급 안내문자 발송을 하여 역학 관련 농가 등의 조기 신고를 유도한다.

4. 시·도 가축방역기관의 조치사항

4.1. 조류인플루엔자 방역대책본부를 설치·운영하고 종합상황반, 역학조사반, 정밀진단반, 방역지원반 등을 두어 비상 방역업무를 분장하여 유기적으로 협조하도록 한다.

4.2. 시·도 역학조사반으로 하여금 중앙역학조사반과 공동으로 발생농장에 대한 역학조사를 실시한다.

- 의사환축 발생일로부터 21일 전까지의 가축 및 그 생산물의 이동상황 추적조사(단, 열처리 등을 거친 유가공품은 제외)
- 의사환축 발생일로부터 21일 전까지의 해당 가축과 직접 접촉한 가축의 소유자·축사관리인·수의사 및 방문자 등이 접촉한 감수성 동물의 조사

- 의사환축 발생일로부터 21일 전까지의 발생농장(발생농장 출하가축을 도축한 도축장 포함)을 출입한 차량이 방문한 농장을 추적하여 해당 시·도 가축방역기관에 사육가축에 대한 임상검사를 실시하도록 통보
- 살처분 대상가축 및 방역지역 내 감수성 가축에 대하여 역학분석을 위한 채혈 등 검사시료 채취
- 역학조사 과정에서 임상증상 발현일이 환축 발생일보다 이전으로 추정되거나 확인되었을 경우 당해일로부터 21일 이전까지 가축 및 그 생산물의 이동상황 추적 조사
- 의사환축이 발생한 날부터 21일 전까지 발생농장에 반출입된 가축의 분뇨 및 이를 운반한 차량

4.3. 추가 발생 여부를 조사하고 의심축 발견 즉시 검사시료를 채취하여 검역본부 또는 시·도 가축방역기관으로 송부한다.

4.4. 필요한 경우 야생조류(철새, 텃새류 포함)를 포획, 분변·혈액 등 검사시료를 채취하여 검역본부로 송부한다.

4.5. 고병원성조류인플루엔자 발생농장과 역학관련 도축장의 계류 가축 등에 대한 검사를 실시한다.

4.6. 젖소농장 발생 시 발생 및 인접 시·군의 젖소농장 등 일시 이동중지 및 해당 기간 내 관할 젖소농장에 대한 정밀검사를 실시한다.(별표8 젖소농장 일제검사 참고)

4.6.1. 검역본부와 함께 발생농장 사육가축 살처분 여부 및 살처분 범위 설정을 위한 위험도평가를 실시한다.

4.6.2. 위험도평가 결과에 따라 발생농장의 사육가축에 대한 살처분 또는 격리·치료를 실시하고 격리·치료 시 발생일로부터 7일 간격으로 사육가축에 대하여 개체별 항원검사를 실시한다.

4.6.3. 발생농장은(500m 이내의 농장 포함) 이동제한 해제 시까지 7일 간격으로 검사를 실시하되, 마지막 발생일부터(잔존물 소독처리 완료일 기준) 30일 경과 후 개체별 정밀검사와 환경검사에서 이상이 없는 경우 이동제한을 해제할 수 있다.

4.6.4. 발생농가의 원유는 시·군에서 방역상 안전하게 처리될 수 있도록 관리한다.

4.7. 돼지의 경우 H5·H7형 항원 감염축은 살처분하고, 동거축은 발생일부터 7일 간격으로 사육단계별 항원검사를 실시한다.

4.7.1. 사육단계별 항원검사 결과 모두 음성인 경우 이동제한을 해제한다.

4.7.2. 이동제한 기간 중 도축장 출하돼지는 개체별 항원검사 음성인 경우에 허용한다.

4.8. 소·염소의 경우 축종별 첫 발생시 해당 축종 발생농장의 이동제한 기간 중 검역본부(지자체, 전문가 등 참여)에서는 살처분 여부 및 범위 설정을 위한 위험도평가를 실시한다.

* 위험도평가는 축종별 첫 발생 이후 필요시 추가로 실시할 수 있다.

5. 시·군·구의 조치사항

5.1. 검역본부 등과의 살처분 범위 결정을 위한 위험도평가에 협조한다.

5.2. 시·군·구는 소속 공무원이 방역활동에 참여하도록 비상 동원령을 발동한다.

5.2.1. 시·군·구는 부시장·부군수·국장·관할 시·도 가축방역기관, 보건소장 등 관계자들이 참여하는 방역대책협의회를 소집하여, 방역지역의 이동통제초소 설치와 감염축 등 살처분에 대비하여 살처분에 참여하는 인력·동원장비·물품 등을 점검한다.

5.2.2. 포유동물 조류인플루엔자 방역대책본부를 설치·운용한다.

- 방역대책본부에는 본부장(시장·군수·구청장 또는 부시장·부군수·부구청장), 종합상황반, 이동통제반, 살처분반, 교육·홍보반, 소독지원·사후관리반, 인력·장비보급반, 인체감염 대책반 등으로 구성하되, 시·군 조직·업무상황 등을 감안하여 편성한다.
- 시·군·구는 감염축 등 살처분에 대비 및 원활한 살처분 진행을 위하여 살처분 보상관련 협상 담당관(관할 면장 등 권장)을 지정하여 현지에 파견한다.

5.2.3. 시·군·구는 발생지에 현장통제본부를 설치하여 발생농장의 살처분·매몰, 소독 등을 위하여 출입하는 사람, 차량, 장비, 물품 등에 대한 세척, 소독과 탈의실, 샤워장, 소독기구(장비) 설치·운용 등 방역상 필요한 조치를 하여야 한다.

- 현장통제본부는 가축방역관을 포함해 3명 이상으로 구성하고, 발생농장 및 발생지에 대한 살처분·소독 등을 총괄적으로 지휘·감독한다.
- 통제지점과 소독 대상 범위·지역을 설정하고, 발생농장에 출입하는 사람·차량·장비·기구·물품 등을 통제한다.

  * 소독 미실시 또는 소독 실시 여부 확인이 어려운 경우 반출 금지

- 발생농장 입구에 전염병 발생 사실과 출입금지를 표시한 출입금지 표지판을 게시한다.
- 발생농장 및 살처분 대상 가축에 대해 살처분·폐기 조치한다. 구체적인 살처분 및 폐기절차는 "11. 살처분 및 사체처리 요령"에 의한다.

- 병원체의 오염 우려가 있는 축사, 장비 등에 대하여 소독을 실시하고, 소독이 용이하지 않거나 폐기하는 것이 유리할 것으로 판단되는 물품 또는 시설물 등은 매몰 등 폐기 처분한다. 폐기 처분 시에는 병원체가 외부로 유출되지 않도록 한다.
- 발생농장 종사자, 방역요원 등 고위험군일 경우 적절한 인체감염 예방조치를 실시한다.

5.2.4 감염축 살처분, 오염물건(원유 등) 소독·폐기를 위해 사전에 파악한 랜더링업체, 폐수처리업체 등을 통해 상황 발생 시 신속한 처리가 될 수 있도록 조치한다.

5.3. 발생농장 인근 지역에 대해 방역지역(반경 500m 이내)을 설정하고, 방역지역 내 감수성 동물의 소유자 등에게 이동제한을 명하고 방역조치를 실시한다.

* 가축전염병 예방법령에 따라 명령서는 개별 통보(SMS 문자메시지 병행)하고 공고 실시

5.3.1. 발생농장 또는 발생지에는 이동통제초소를 가장 우선적으로 설치·운영하고 다음 각호의 조치를 한다.

- 발생농장 관리자, 관리자의 동거가족 및 발생농장 가축의 소유자에게 고용된 자 등에 대하여 마지막 살처분이 완료된 날로부터 7일이 경과될 때까지 외출을 제한하고, 부득이한 경우 가축방역관의 통제하에 세척·소독 등 방역조치를 실시한 후 외출을 허용한다.
- 발생농장의 살처분, 소독, 매몰 등을 위하여 출입하는 사람, 장비, 차량, 물품 등에 대한 조치를 위하여 별도의 이동통제초소를 운영하여야 하며, 출입자·출입차량·관련 장비 등에 대하여 기록을 철저히 관리한다.
- 살처분 완료 후 10일 이내 발열, 기침, 인후통, 근육통 등 인플루엔자 유사증상 또는 결막충혈, 결막염, 안구통증, 안구불편감 등의 안구증상 중 하나라도 확인되거나 발생한 경우 관할 보건소로 연락한다.

5.3.2. 방역지역 내의 주요 국도 및 지방도로에 이동통제초소를 설치하고 감수성 가축 및 축산물의 이동을 제한한다.

- 발생지 및 방역지역이 구분되는 각 도로망에 이동제한 통제초소 및 소독 시설을 설치·운영하고, 사람, 가축 또는 차량에 대하여 교통차단·출입통제·소독 등 차단방역을 실시한다.
- 15. 이동통제초소 및 거점소독시설 운용요령에 따라 이동을 통제한다.

5.3.3. 해당 가축 및 축산물 등의 불법 이동 및 반출 관련자 적발과 강력한 사법조치를 취한다.

5.3.4. 농장의 지번을 확인할 수 있는 축적을 적용한 지도를 이용하여 방역지역을 지도에 표시하고, 그 지역에 관계된 정보를 명확하게 수집·파악하여야 한다.

5.3.5. 방역지역에 대한 소독 등 차단방역을 실시한다.

- 농장의 출입구를 1개소로 제한하여 사람과 차량의 출입을 통제하고 출입하는 모든 차량과 기구 등을 반드시 소독하도록 지도·감독한다.

* 축사 출입구의 소독제 희석농도는 유기물이 많은 조건(고농도)으로 유지하여야 하며, 알칼리성인 생석회와 반응할 경우 효과가 저하되는 산성제제(acids)를 사용하지 않도록 지도한다.

- 농장의 출입구와 주변 도로, 축사 주변에 생석회를 살포한다.

5.4. 발생농장 및 관리지역 안의 발생축종 사육농가에 방역관련 공무원(방역조치에 필요한 공무원 등을 말함)을 배치하고, 해당 농가의 격리 및 살처분 완료 시까지 일일 임상관찰, 오염물건 소독, 이동제한 등 방역조치를 실시하게 한다.

6 개, 고양이 등 반려동물에서 발생 시 방역조치

1. 기본원칙

1.1. 시·도 또는 시·군·구는 개·고양이 등 반려동물 관련 시설(생산·수입·판매·전시·위탁관리·미용업소·동물병원·보호시설·가정집 등) 등 축사 외 장소에서 의사환축이 발견된 때에는 즉시 해당 시설 등에 대한 이동통제, 판매 등 영업 중단 및 소독 등의 방역조치를 하여야 한다. 다만 동물병원 등 반려동물 관련 출입 시설의 경우에는 시설 전체 영업 중단 대신 의사 환축이 있었던 구역의 출입제한 및 소독을 우선 적용할 수 있다.

1.2. 시·도는 1.1항의 의사환축에 대하여는 정밀검사 결과가 나올 때까지 의사환축과 함께 계류된 다른 반려동물과 구획하여 당해 시설 내부의 반려동물 격리 공간 또는 관내 지정 격리시설 등에 별도로 계류하도록 하여야 한다.

1.3. 시·도는 해당 시설의 의사환축을 과거 21일 내 판매·분양하거나 의사환축이 방문한 반려동물 관련 시설(가정집·동물병원·보호소 등)에 대하여도 의사 환축 발생에 준한 방역조치를 하여야 한다.

1.4. 의사환축이 환축으로 확인되는 경우 시·도 또는 시·군·구는 해당 시설을 즉시 폐쇄 조치하고 환축과 접촉한 사람·장비·차량에 대한 세척·소독 및 역학조사를 실시하며, 환축은 반려동물 관련 시설 또는 관내 지정 격리시설에서 격리·치료하거나 보호자의 동의하에 안락사 조치하고, 함께 계류된 반려동물 및 해당 시설에 대해 24시간 이내에 정밀검사(환경검사 포함)를 실시한다.

1.5. 감염축의 격리·치료시에는 임상증상이 없고 7일 간격으로 2회 정밀검사 결과 항원이 검출되지 않는 경우 격리 해제한다.(동거한 반려동물 포함)

* 다만, 동물생산업 등 영업장의 경우에는 젖소농장의 발생 사례를 준용하여 30일간 이동제한(7일 간격 개체별 정밀검사) 후 정밀검사 및 환경검사에서 이상이 없는 경우 이동제한을 해제한다.

1.6. 가정집, 동물보호소 등의 개·고양이에서 고병원성조류인플루엔자 발생 시 다른 동물 또는 사람으로의 전파를 차단하기 위해 신속하게 격리·치료 또는 보호자 동의 하에 안락사 조치를 취한다.

* 반려동물은 사람과의 밀접접촉으로 인한 인체감염 예방을 위해 신속한 격리 조치 필요

1.7. 양성축의 격리·치료는 환축의 소유자(보호자) 및 발생시설 관계자 동의 하에 발생시설 내 마련된 격리 공간 또는 관내 지정 격리 시설에서 실시하며, 감염 동물 격리 등을 위한 이동, 격리·치료 등의 과정에 엄격한 차단방역 수칙을 철저히 준수한다.

1.8. 시·도 또는 시·군·구는 의사환축 발생 7일 이내 해당 시설 밖으로 반출된 폐기물(의료용 폐기물 포함) 등에 대하여 수거한 업체(폐기물 수거업체 등)가 소재한 지자체에 통보하여 해당 폐기물에 대한 회수·폐기 또는 폐기물 수거업체 시설 등에 대한 소독조치를 실시한다.

2. 반려동물(개·고양이) 관련 시설(동물병원·동물보호소·동물생산업 등)의 방역조치

2.1. 시·도 또는 시·군·구는 사육 중인 반려동물 중 의사환축이 발견되었을 때(환경시료 등에서 H5, H7 항원이 검출된 경우를 포함한다)에는 그 즉시 반려동물의 판매·출입을 전면 중단하고 사람 통제, 이동제한 등의 방역조치를 하여야 한다.

2.1.1. 의심축을 발견한 가축방역관(동물병원 수의사 포함)은 즉시 시·도에 보고하고, 시·도 가축방역기관에 의심축에 대한 정밀검사를 의뢰토록 조치한다.

2.1.2. 시·도는 의사환축 및 의사환축과 같이 사육 중인 감수성 동물에 대하여는 정밀검사 결과가 나올 때까지 당해 시설의 반려동물 격리공간에 격리하도록 하여야 하고 의사환축은 별도로 구분하여 격리도록 한다.

2.1.3. 사람·차량 등이 의사환축이 있는 장소로 출입하는 것을 엄격히 통제하고 주변지역 청소 및 소독을 실시한다.

2.1.4. 오염된 운반수단 등에 대한 세척과 소독을 철저히 하고, 의사환축 및 의사환축과 접촉한 반려동물의 이동상황에 대한 정확한 기록유지 및 추적조사를 실시한다.

2.1.5. 의사환축 발생일로부터 과거 21일 내 반려동물을 분양·판매한 업체 또는 운반 차량이 있는 경우, 추적하여 이동제한 등 방역조치와 해당 업체의 반려동물 및 환경에 대한 정밀검사를 실시한다.

2.2. 방역지역 설정은 「조류인플루엔자 방역실시요령」 별표6 도심지 방역실시요령을 준용하여 설정하되, 주변여건 등 도심지 현장 상황에 맞게 탄력적으로 방역조치를 실시한다.

2.2.1. 방역지역은 발생 시설에서 여타 포유류 가축 및 가금 사육농장 등으로의 확산 가능성을 검토한 후 검역본부 등 방역전문기관의 자문을 받아 필요시

설정하고 지역 실정에 맞게 이동통제·소독 등을 실시한다.

2.2.1.1. 격리·치료 또는 보호자 동의 하에 안락사 결정 시 발생원인, 유입경로, 주변지역 확산가능성 등을 종합적으로 판단한 후 관리지역 안의 적용 대상 동물 및 가금류에 대한 방역조치(격리·치료, 안락사 등) 여부를 정한다.

2.3. 반려동물 관련 시설에 사육 중인 다른 반려동물 또는 환경에 대한 검사에서 조류인플루엔자 양성 판정 시 관할 시·도 또는 시·군·구는 당해 시설을 즉각적으로 폐쇄하고 아래의 방역조치를 실시하고, 환축 판매·분양·출입 시설을 추적하여 본 지침에 따른 방역조치를 실시한다.

2.3.1. 해당 시설은 폐쇄조치한다. 다만, 폐쇄기간은 검역본부장의 기술적 자문을 받아 시·도가 정하며, 해당 시설 등의 세척·소독 상태 확인 및 환경검사 결과 이상이 없는 경우 시·도가 폐쇄 해제 여부를 결정한다.

2.3.2. 환축과의 접촉으로 인하여 오염이 의심되는 시설·장비 등에 대한 세척·소독을 실시한다.

2.3.3. 가축방역관은 소독을 실시한 후 역학조사가 가능하도록 인적사항의 기록·유지를 하고, 보건소에 명단을 통보하여 인체감염 예방조치를 받을 수 있도록 한다.

2.3.4. 환축과 함께 사육되던 시설 내 감수성 반려동물에 대해 의사환축 발생일로부터 21일간 매일 임상관찰을 실시하고 필요한 경우 정밀검사를 실시한다.

2.4. 이외의 차단방역 조치 및 방역지역 이동제한, 감수성 동물의 재사육 등은 환축 계류시설과 동일하게 조치하되, 도심지 발생의 경우 역학 관련 사항의 파악·조사 결과에 따라 탄력적으로 운영한다.

7 의심동물을 발견한 동물병원 및 보호소 등 반려동물 관련 종사자의 조치

1. 기본원칙

수의사 등 반려동물 관련 시설(동물병원·보호소 등) 종사자가 조류인플루엔자 의심 반려동물(개·고양이)을 발견하는 경우에는 소유자로 하여금 해당 시설의 동물, 종사자, 차량, 물품, 분뇨 등의 이동을 금지하고, 시·군 및 시·도 가축방역기관 등에 신고한 후 시설 내에서 대기하여야 한다.

2. 수의사 등 반려동물 관련 시설(동물병원·보호소 등, 이하 반려동물 관련 시설) 종사자의 의심축 발견 시 신고 및 대응요령

2.1. 검안·진단 수의사, 동물약품·사료 판매자 등(이하 수의사 등)

2.1.1. 환축을 발견한 경우 보호자 또는 시설 담당자에게 환축이 조류인플루엔자 감염 의심축임을 설명하고, 즉시 관할지 읍·면장, 시장·군수 또는 시·도 가축방역기관장에게 전화 등으로 신고한다.

2.1.2. 수의사 등은 시·도 가축방역관이 시설에 도착할 때까지 시설을 떠나지 말고 소유자(보호자)에게 다음의 긴급 방역조치를 취하도록 지도한다.

- 확산 방지를 위하여 의심축을 해당 시설 내에 격리하거나 소유자(보호자) 등의 요청이 있을 경우에 한하여 관할지의 지정된 격리시설에 격리하고 시설 내 모든 사육 동물(개·고양이·조류 등 포함)을 이동하지 못하도록 한다.
- 의심축과 개인방역보호구(보호복, 마스크, 고글, 장갑 및 장화 등) 착용없이 접촉하지 못하도록 한다.
- 해당 시설에 방역관계자 이외에는 출입을 금지한다.
- 시설의 출입구를 1개소로 하고 입구에 소독조 설치 등 소독에 필요한 조치를 취한다.
- 시설 종사자 및 방문자(보호자 등)에 대하여 필요 시 소독한 후 시설 출입을 허용하며, 조류인플루엔자 정밀검사 결과가 나올 때까지 감수성 반려동물을 사육 시설 방문 및 사람과의 접촉을 최소화하도록 조치한다.
- 시설에 차량 등이 출입하지 않도록 한다. 불가피하게 출입이 필요한 경우에는 충분하게 소독한 후 출입시킨다.
- 해당 시설 밖으로 물품, 사료, 분뇨, 폐기물 등을 반출하지 못하도록 한다.

2.1.3. 가축방역관이 도착하면 모든 현장상황을 설명하여 인계한 후 필요한 경우 시료 채취 등에 협조한다.

2.1.4. 시설을 떠날 때에는 가축방역관의 입회 하에 신체·의복·신발·안경 및 진료기구·가방

등 휴대한 물품에 대한 소독을 실시하고 타고 온 차량에 대하여 세차·소독을 실시한다. 착용한 의복을 벗고 깨끗한 다른 의복 또는 일회용 방역복으로 갈아입은 다음 코를 풀고 입을 헹군 후 진료를 중단하고 귀가하도록 한다.

2.1.5. 귀가 후 다시 차량, 진료기구, 기타 휴대물품, 의복·신발 등을 완전히 소독하고 목욕을 한 후 새로운 의복으로 갈아입는다.

2.1.6. 정밀검사 결과 조류인플루엔자가 아니라는 연락이 있기 전까지 외출을 최소화하며, 감수성 반려동물(가축 포함) 관련 시설 방문 및 관계자와 접촉하지 않도록 조치한다.

2.1.7. 고병원성조류인플루엔자로 판정될 경우 최종 접촉일로부터 7일이 경과할 때까지 감수성 가축을 사육하는 농장 및 반려동물 관련 시설에 출입을 금지한다.

2.2. 현장에 도착한 시・도 가축방역관의 반려동물 시설 관련 종사자에 대한 조치사항

2.2.1. 조류인플루엔자 확진시를 대비하여 반려동물 밀접접촉자(수의사·보호자 등) 및 시설 종사자가 의심축 발생시설을 방문한 날을 기준으로 과거 21일 전까지 접촉한 감수성 동물을 사육하는 시설 현황을 조사한다.

2.2.2. 정밀검사 결과가 나올 때까지 시설 관련 종사자가 시설 내에 대기토록 조치한다.

- 부득이 시설을 벗어나야 할 경우에는 가축방역관이 직접 신체, 의복, 안경, 진료기구, 진료 가방 등 휴대한 기구・장비를 폐기 또는 소독한다.
- 타고 온 차량에 대하여 내·외부에 대한 세차・소독을 실시한다.
- 착용한 의복을 벗고 깨끗한 다른 의복 또는 일회용 방역복으로 갈아입고, 코를 풀고 입을 헹군 후 다른 곳을 방문하지 않고 즉시 귀가토록 한다.

2.2.3. 귀가 후 다시 차량, 진료기구, 기타 휴대용구, 의복 등을 완전히 소독하고 손·발을 씻고 목욕한 후 다른 의복으로 갈아입도록 조치한다.

2.2.4. 정밀검사 결과 조류인플루엔자가 아니라는 연락이 있기 전까지 외출을 최소화하며, 감수성 가축을 사육농장 방문 및 관계자와 접촉하지 않도록 조치한다.

2.2.5. 고병원성조류인플루엔자로 판정될 경우 최종 접촉일로부터 7일이 경과할 때까지 감수성 가축(반려동물) 사육농장 및 관련 시설에 출입을 금지한다.(동물병원 등 진료시설은 소독 등 조치 및 필요 시 환경검사 결과 음성 확인 시 제외)

- 관련 종사자의 명단(성명, 연락처 등)을 보건소에 인계하여 인체감염 예방조치를 받을 수 있도록 한다. (반려동물 관련 종사자는 발생농장을 방문 후 10일 이내 발열, 기침, 인후통, 근육통 등 인플루엔자 유사증상 또는 결막충혈, 결막염, 안구통증, 안구불편감 등의 안구증상 중 하나라도 확인되거나 발생한 경우 관할 보건소로 연락하여야 함)

8 역학조사 요령

1. 역학조사 기본체계

1.1. 의사환축 및 발생농장(역학관련 농장 포함)에 대한 1차 역학조사는 관할 시·도 가축방역기관이 실시하고 그 내용을 전달받은 검역본부장은 추가조사(2차) 및 역학분석을 실시한다. 다만, 긴급을 요하는 경우 등 필요 시에는 검역본부 및 시도 가축방역기관, 질병관리청이 공동으로 실시한다.

1.1.1. 시·도 가축방역기관은 역학조사 내용을 해당 시·군·구와 시·도, 검역본부장에게 신속히 전달하여 빠른 방역조치가 이루어지도록 한다.

1.1.2. 의사환축 및 발생농장(역학관련 농장 포함)에 대한 역학조사는 역학조사관을 포함하여 실시한다.

1.1.3. 인체감염 우려 등 질병관리청의 요청 시 질병관리청 역학조사관과 공동역학조사를 실시한다.

1.2. 역학조사반은 지역별 생산자단체, 유관 행정기관 등을 통해 역학조사 대상 농장에 대한 관련 정보를 수집할 수 있다.

1.2.1. 필요시 지역 경찰관, 지역축협장 등을 대동하여 역학조사를 실시할 수 있다.

1.3. 역학조사 과정에서 확인된 역학 관련 농장, 축산 관련 시설 및 사람·차량에 대해서는 관련 규정*에 따라 이동제한 및 소독·검사 등 확산 차단을 위한 조치를 신속히 실시하여야 한다.

* 가축전염병 예방법 제19조(격리와 가축사육시설의 폐쇄명령 등) 제1항

2. 역학조사반 구성 및 운영

2.1. 역학조사반 구성

2.1.1. 「가축전염병 예방법」 시행규칙 제16조(역학조사반의 구성·임무 등)의 규정에 따라 검역본부는 중앙역학조사반, 시·도 가축방역기관은 시·도 역학조사반을 구성한다.

2.1.2. 역학조사반은 역학조사관을 포함하여 구성한다.

2.1.3. 필요 시 지역경찰, 축협, 생산자단체장, 읍·면·동장 등의 협조를 받아 역학조사를 실시할 수 있다.

2.1.4. 인체감염 차단 및 확산 방지를 위해 질병관리청 역학조사관과 공동으로 역학조사를 실시 할 수 있다.

2.2. 역학조사는 다음 내용에 대해 실시한다.

2.2.1. 의사환축 또는 환축 발생농장의 일반 현황 및 사육 가축 현황

2.2.2. 가축의 사육환경·분포 및 감염원인과 경로

2.2.3. 발생농장의 전파확산 가능 여부(차량·사람·물품 등)

2.2.4. 발생농가의 방역수칙 등 준수 여부

2.2.5. 그 밖에 해당 고병원성조류인플루엔자 발생과 관련된 사항

- 발생농장에서 공급된 가축을 사육하고 있는 농장
- 발생농장으로 가축 등을 공급한 농장
- 발생농장 환축과 접촉한 사람이 방문하였거나 발생농장을 출입하였던 차량이 출입한 농장
- 발생농장에서 출하한 가축의 도축장 등
- 발생농장에서 반출된 분변을 처리한 업체
- 발생농장의 원유를 집유한 업체, 차량, 사람(낙농장의 경우)
- 그 밖에 발생농장을 방문한 사람·차량 등

2.3. 중앙역학조사반의 구성과 임무는 다음과 같다.

2.3.1. 중앙역학조사반은 현장역학조사팀, 추척조사팀, 역학분석팀 등으로 구성하고, 비상근무체제 운영 및 일일 보고체계를 구축한다.

2.3.2. 중앙역학조사반 반장은 검역본부 역학조사과장으로 하고 다음과 같이 반원을 구성할 수 있다.

- 검역본부 역학조사과·가축질병방역센터 직원으로 역학조사관으로 지정된 자
- 검역본부 타부서(지역본부 포함) 직원 및 가축방역특별사법경찰관으로 지명된 자
- 검역본부 역학조사위원, 학계 및 관련부처 전문가
- 검역본부장이 역학조사반원으로 위촉 또는 임명한 자
- 기타 검역본부 직원

2.4. 시·도 역학조사반의 구성과 임무는 다음과 같다.

2.4.1. 시·도 역학조사반은 비상근무체제 운영 및 일일 보고체계를 구축한다.

2.4.2. 시·도 역학조사반 반장은 가축방역기관의 역학조사 담당과장(없을 경우 방역담당과장)으로 하고 다음과 같이 반원을 구성할 수 있다.

- 시·도 가축방역기관 역학조사 및 방역담당부서 직원으로 역학조사관으로 지정된 자
- 시·도별 가축방역기관은 본소·지소별로 역학조사 전담직원을 2인 이상 지정 운영
- 시·도 역학조사위원, 학계 및 관련부처 전문가

- 시·도 가축방역기관이 역학조사반원으로 위촉 또는 임명한자
- 기타 가축방역기관 직원

2.4.3. 시·도 역학조사반은 발생농장에 대한 역학조사 결과를 검역본부, 관할 시·군 및 시·도에 공문조치하여 신속한 방역조치가 이루어지도록 하여야 한다.

2.5. 역학조사반은 가능한 소독 등 방역조치가 이루어지기 전에 발생농장에 대한 환경시료 채취요령을 참조하여 농장 내 환경시료를 채취하고 시료채취 시 농장 모식도 등을 통해 채취장소를 기록해야 하며, 사진 등의 증거자료를 확보해야 한다.

* 시·도역학조사반이 시료(혈액·비강스왑·원유·환경 등)를 채취한 경우 시료채취 내역서와 검사결과를 중앙역학조사반에 전달하여야 한다.

3. 역학조사반 편성 및 임무 등

3.1. 역학조사반장은 발생상황에 따라 필요하다고 판단되는 경우 역학조사반을 현장역학조사팀, 추적조사팀, 역학분석팀 등으로 세분화하여 구성 및 운영할 수 있다.

3.2. 현장 역학조사팀

3.2.1. 발생농장 및 관련 시설에 대한 현장 역학조사를 담당

3.2.2. 발생농장의 현장 조사는 발병 원인과 전파경로 파악의 중요한 단서 확보에 가장 중요한 단계이며, 전파원인 파악의 기본이 되므로 최대한 정확한 현장 조사를 실시

3.2.3. 현장조사팀 편성

- 부득이한 경우를 제외하고는 2인 1조로 구성하며, 필요시 개별 임무 분담

3.2.4. 현장 역학조사 전 준비사항

1. 정보수집	① 국가동물방역통합시스템(KAHIS)을 이용해 발생농장 기본사항 파악 - 발생농장 기본사항(사육규모, 주변농장 현황), 발생농장의 도축장 출하정보, 낙농장인 경우 집유현황 등 *도축장, 원유 등 출하 정보는 발생농장에서 보유한 기록과 교차 확인 필요 ② 현장 정보수집 - 마을이장, 축산관련 단체, 행정기관 등으로부터 발생농장주의 활동사항 등을 파악 * 필요시 추적조사팀에서 사전정보를 조사하여 제공
2. 출동준비물	① 개인장비 - 신분증(역학조사반원증, 특별사법경찰관지명서 등) - 기록장비(디지털카메라, 노트북, 펜, 기록용 용지, 책받침 등) - 지침서(가축전염병 역학조사 지침, 질병별 긴급행동지침, 역학조사서 양식) - 연락장비(이동전화 등), 줄자 등 계측장비 ② 방역장비 - 개인보호구(보호복, 장화, 마스크(N95, KF94이상), 장갑, 보호안경 등), 휴대용소독기(소독약 포함 ; 소독제는 소독 효과가 수 분 이내에 빠르게 발휘되는 것을 선택한다), 투명지퍼백(대, 소), 비닐봉투, 기타 필요도구 등

3.2.5. 조사방법 등

- 현장 역학조사시에는 해당 축종별 조류인플루엔자 역학조사서 서식을 참고하여 역학조사를 실시하며 수시로 추적조사팀과 상호 협조하여 신속하고 누락되지 않도록 조사
- 현장상황을 고려, 가축 및 생산물(원유 등) 이동사항 등 차단방역을 위한 긴급조치사항을 선정하여 조사
- 농장주을 직접 면담하는 것이 원칙이나, 불가능한 경우 사양관리인 등 관련 종사자 등과 면담. 다만, 조사결과에 대하여 필요시 농장주의 재확인을 받음
- 면담자에게 신분증을 제시하고 방문목적 즉 역학조사의 중요성, 조사내용 등을 충분히 설명하고 면담자를 안심시켜 최대한의 협조를 구함
- 병원체의 유입 및 전파 관련하여 필요하다고 판단되는 경우 시료채취(환경시료 채취 대상 및 채취요령 참조)

3.3. 추적조사팀

3.3.1. 현장역학조사팀의 역학조사 결과를 바탕으로 발생농장을 출입한 가축 및 생산물(원유 등) 이동사항, 인공수정사, 수의사, 사료차량, 가축운반차량, 집유헬퍼 등의 인적 및 물적 요인의 타 농장 방문 등 이동사항 등 추적조사를 담당

3.3.2. 현장 역학조사에 필요한 정밀검사 결과 등을 현장역학조사팀에 연락 등의 업무 수행

3.3.3. 추적조사팀 편성

- 효율적인 조사가 이루어질 수 있도록 추적조사 인력을 편성하여 운영하고 개인별 추적조사 대상을 부여(가급적 발생농가별 전담요원을 지정하여 조사)

3.3.4. 조사 방법 등

- 현장조사팀이 조사한 가축·원유 등 생산물 입·출하, 사료운송 차량, 수의사·인공수정사 등 농장 출입자의 발생 농장 및 타 농장 방문내역을 차량 기사 또는 관련 사업장 담당자에 유선 등을 통하여 조사
- 유선 조사가 되지 않을 경우 공문 요청 또는 현장조사팀에 연락하여 직접 방문 조사 등을 실시
- 추적 조사하여 확보된 자료를 현장 역학조사서와 교차 확인하여 역학조사서를 작성하고 역학조사 결과를 KAHIS 또는 전자문서로 등록 후 방역에 활용토록 관련 부서 또는 관할 지자체 등에 공문 알림 조치
- 필요하다고 판단되는 경우에는 의사환축 발생신고서 등을 참고하여 유선으로

역학조사를 실시하거나, 추적조사팀에서 현장조사 실시

3.4. 역학분석팀

3.4.1. 가축전염병의 유입 및 전파 경로를 추정하여, 전파 범위 등을 예측하고 확산 상황을 분석

3.4.2. KAHIS 또는 전자문서로 등록된 역학조사 결과를 분석하여 방역조치 대상을 선정하고 검역본부 및 관할 지자체에 통보한다.

- 발생농장(의심축 및 의사환축 발생농장 포함)을 방문한 축산차량의 이동 정보와 출입시설 기록 등을 KAHIS를 통해 수집하고 관할 지자체에 통보하여 신속한 방역조치가 가능하도록 조치한다.

3.5. 검역본부 또는 관할 시·도에서는 역학관련 농장에 대해 관할 시·군에 방역조치를 요구하고 농식품부에 보고한다.

3.5.1. 시·도에서는 역학관련 농장에 대해 방역조치 등을 실시하고 그 결과를 농식품부 및 검역본부에 보고(통보)한다.

4. 역학조사 실시 및 범위

4.1. 다음 각 호에 대하여 이동상황 등 조사 및 시료채취를 실시하고, 정밀검사 또는 역학조사 결과 추가적인 조사가 필요한 경우 이를 확대하여 실시

4.1.1. 의사환축이 발생된 날부터 21일 전까지 해당 가축 및 그 원유 등 생산물의 이동상황 추적 조사

4.1.2. 의사환축이 발생된 날부터 21일 전까지 해당 가축과 직접 접촉한 가축의 소유자·축사관리인·수의사 등이 접촉한 적용대상 동물

4.1.3. 의사환축이 발생된 날부터 21일 전까지 발생농장(발생농장 출하가축을 도축한 도축장을 포함한다)을 출입한 사람·차량과 그 사람·차량이 방문한 농장의 적용대상 동물

4.1.4. 살처분 대상 가축, 관리지역 내 감수성 가축 및 역학관련 농장의 발생 축종에 대하여 역학분석을 위한 채혈 등 검사시료의 채취

* 발생농장이 계열화사업자의 위탁농장의 경우에는 사람, 차량 등에 의해 동일 계열화사업자의 다른 위탁농장으로 전파되거나 우려가 있을 경우 해당 계열화 사업자 위탁농가에 대한 전국 또는 지역별 정밀검사(항원 또는 항체)를 검토할 수 있다.

4.1.5. 의사환축이 발생한 날부터 21일 전까지 발생농장에 반출·입된 가축의 분뇨 및 이를 운반한 차량

4.1.6. 상기 4.1.1. 부터 4.1.5호까지의 규정에도 불구하고 역학조사 과정에서 감염된 시기 또는 임상증상 발현일이 의사환축 발생일보다 이전으로 추정되거나 확인되었을 경우 당해일로부터 21일 전까지 가축 및 그 생산물의 이동상황 추적조사(단, 열처리 등을 거친 유가공품은 제외)

4.1.7. 발생상황 등 분석을 위해 필요한 경우 역학조사 목적으로 환축의 임상증상 등에 대한 동영상 또는 사진 촬영

5. 그 밖에 역학조사와 관련된 사항은 검역본부의 역학조사 세부지침에 따른다.

5.1. 기타 인체감염의 조기 진단 피해 최소화 등을 위해 질병관리청과의 공동 역학조사에 상호 적극 협조한다.

6. 발생농장의 살처분 범위 결정을 위한 위험도평가

6.1. 발생농장(소·염소)의 양성축에 대한 살처분 여부 및 범위 결정을 위한 위험도평가는 별표6에 따라 발생농장의 감염축 규모, 주변 농장의 밀집도, 전국적 발생상황 등을 포함하여 실시한다.

6.1.1. 위험도평가는 축종별(소·염소) 첫 발생한 경우 및 추가 발생 상황에 따라 필요한 경우 실시할 수 있다.

9 발생농장 등 방역지역 방역요령

1. 발생농장 긴급방역조치

1.1. 가축위생방역지원본부 초동방역팀은 의심축 발생일로부터 시·군 인계 시까지 발생농장 이동제한 조치를 유지한다.

1.2. 시·군은 발생지에 현장통제본부를 설치하여 발생농장의 양성축 살처분, 소독, 매몰 등을 위하여 출입하는 사람, 차량, 장비, 물품 등에 대한 세척, 소독과 탈의실, 샤워장, 소독기구(장비) 설치·운용 등 방역상 필요한 조치를 하여야 한다.

* 발생장소로 출발하기 전 현장통제본부 요원은 별표1의 긴급방역용 용구를 준비하고 추가로 필요한 물품이 있는지를 확인하여야 한다.

1.2.1. 현장통제본부는 가축방역관을 포함해 3명 이상으로 구성하고, 발생농장 및 발생지에 대한 소독·살처분 등을 총괄적으로 지휘·감독한다.

* 현장통제본부에 출입하는 자는 출입 시마다 손과 신발을 철저하게 소독하여야 하고, 발생지역 축산농가는 현장통제본부에 출입금지 조치

1.3. 발생농장 입구의 눈에 잘 띄는 장소에 조류인플루엔자 발생 사실과 출입금지를 기재한 출입금지 표지판을 설치한다.

1.4. 발생 농장 출입구를 1개소로 제한하여 통제초소를 설치하고, 출입하는 사람·차량·장비·기구·물품 등을 통제한다.

1.4.1. 발생장소의 입구에 세척·소독시설을 설치한다

- 세척·소독시설은 청정구역과 오염구역으로 구분하여 설치하고 사람의 경우, 샤워를 한 후에만 청정지역으로 나올 수 있도록 설계한다.
- 샤워 및 차량 세척·소독에 따라 발생하는 오수는 일정한 장소에 모아 소독 처리한다.
- 소독제 희석농도는 유기물이 많은 조건(고농도)으로 유지하여야 하며, 알칼리성인 생석회와 반응할 경우 효과가 저하되는 산성제제(acids)를 사용하지 않도록 한다.

1.4.2. 발생장소 밖으로 나오는 모든 사람은 세척·소독시설을 통과하도록 하고, 이때 사용한 작업복 등은 수거통에 담아두어야 한다.

1.4.3. 발생농장 및 발생지에 출입하는 차량이나 장비는 반드시 세척·소독한 다음 밖으로 나올 수 있으며, 출입자·출입차량·관련 장비 등에 대한 기록을 철저히 관리한다.

* 소독 미실시 또는 소독 실시 여부 확인이 어려운 경우 반출 금지

1.5. 발생농장 내 살처분 대상 축종의 감염축에 대한 살처분 및 동거축 격리 등의 조치를 신속히 실시하고, 격리 대상 축종의 경우 "제3장 12. 가축(젖소) 격리·치료 요령" 및 13. 반려동물(개·고양이) 격리·치료 요령에 따라 조치한다.

1.5.1. 살처분 사체처리(소각·매몰·랜더링 등) 방법과 장소를 신속히 결정하여야 한다.

* 소·염소 등 발생 시 위험도평가에 따라 살처분 여부 및 범위 등을 결정하는 경우에도 사체 및 생산물 처리를 위한 방법과 장소를 사전 검토하여 신속히 처리 될 수 있도록 준비

1.5.2. 살처분은 신속하고 안전한 방법으로 하여야 하며, 구체적인 살처분 기준 및 절차는 "제3장 11. 양성축 살처분 및 사체처리 요령"에 의한다.

1.5.3. 정밀검사 결과 음성인 가축은 감염동물 또는 오염장소와 접촉되지 않도록 별도의 장소에 격리시킨다.

1.5.4. 살처분하여 조성된 매몰지는 최소한 3년 이내에는 발굴할 수 없다.

1.5.5. 살처분 장소에는 살처분 종사자가 휴식을 취하거나 식사를 할 수 있는 안전구역을 설치하여야 하고, 시설 내의 탈의실에서 세척·소독이 용이한 작업복(조치 확인증 부착)으로 갈아입어야 하며, 갈아입을 작업복은 새 스티커를 부착한 상태에서 배포한다.

1.6. 발생농장에 출입하는 사람에 대한 인체감염 예방조치를 실시하여야 한다.

1.6.1. 발생농장에 들어가는 모든 사람은 인체감염 예방조치를 완료하고 보건소장이 발급한 조치확인증을 부착하지 않은 자는 현장 출입을 금지하고, 세척·소독시설을 통과하도록 한다.

1.6.2. 발생농장 관리자, 관리자의 동거가족 및 발생농장 가축의 소유자에게 고용된 자 등에 대하여 살처분 완료된 날로부터 7일이 경과될 때까지 외출을 제한하고, 부득이한 경우 가축방역관의 통제 하에 세척·소독 등 방역조치를 실시한 후 외출을 허용한다.

1.6.3. 발생농장 종사자, 방역요원 등 고위험군일 경우 적절한 인체감염 예방조치를 실시한다.

1.6.4. 살처분 완료 후 10일 이내 발열, 기침, 인후통, 근육통 등 인플루엔자 유사증상 또는 결막충혈, 결막염, 안구통증, 안구불편감 등의 안구증상 중 하나라도 확인되거나 발생한 경우 관할 보건소로 연락하도록 조치한다.

1.7. 발생농장의 사체 등에 대한 차단방역 조치를 실시한다.

1.7.1. 사체를 먼 곳으로 이동시켜 소각·매몰할 경우에는 혈액·배설물 등이 유출되지

않도록 비닐 등으로 밀봉하여 운반하여야 하며, 운반차량에 대하여는 운반 전·후 차량 내·외부를 소독하여야 한다.

1.7.2. 살처분된 사체는 병원체가 확산되지 않도록 소각·매몰 장소까지 안전하게 운반되어야 한다.

1.8. 발생농장 내 축사 및 시설·장비·도구 등에 대한 세척·소독을 실시한다.

1.8.1. 병원체의 전파 원인이 될 수 있는 오염장소 및 물품·장비·도구 등에 대한 세척 및 소독을 실시한다. 세척 및 소독은 "제3장 14. 발생농장 등의 청소·세척 및 소독요령"에 따라 실시한다.

1.8.2. 병원체의 오염 우려가 있는 축사, 장비 등에 대하여 소독을 실시하고, 소독이 용이하지 않거나 폐기하는 것이 유리할 것으로 판단되는 물품 또는 시설물 등은 매몰 등 폐기 처분한다. 폐기 처분 시에는 병원체가 외부로 유출되지 않도록 하여야 한다.

1.8.3. 발생농장이 젖소농장인 경우 원유에 대하여는 이동제한 기간 해제 시까지 전량 소독· 폐기 조치한다.

* 원유는 사체 등과 함께 열처리 랜더링 처리 또는 열처리 공정이 있는 폐수처리업체를 통해 폐기 처리 할 수 있으며, 타 지역으로 이동시 대상물이 유출되지 않도록 가축방역관의 관리하에 안전하게 운송하도록 하고, 운반차량에 대해 운반 전·후 차량 내·외부를 철저히 소독실시

1.8.4. 해당 농장 주변 등의 오염원 제거를 위해 농협 공동방제단을 투입하여 집중 소독을 실시한다.

2. 방역지역 설정·운영

2.1. 방역지역 설정

2.1.1. 시·도 및 시·군에서는 발생농장을 중심으로 방역지역을 설정한다.

- 포유류 가축에서 발생 시에는 발생농장을 중심으로 반경 500m 이내를 '관리지역'으로 설정하고 감수성 축종 사육농장에 대하여 예찰을 실시한다.

* 가금농가는 포유동물 발생농장을 중심으로 반경 10km 이내까지 방역지역을 설정하여 예찰 실시

- 시·군·구 관리지역 설정 시 관리지역 설정 대상 경계선(境界線)에 소재한 최소 행정단위 지역(마을 또는 법정 리를 말한다. 이하 같다)의 외곽이 경계 (境界)가 되도록 정한다. 다만, 그 최소 행정단위 지역 안에 도로·하천·철도 등이 있어 질병전파의

위험성이 적은 경우에는 도로·하천·철도 등의 안쪽만을 관리지역으로 설정할 수 있다.

- 방역지역을 설정하는 경우, 해당 지역의 축산업 형태, 지형적 여건, 야생조수류 서식실태, 계절적 요인 또는 역학적 특성 등 위험도를 감안하여 범위를 지방 가축방역심의회, 시·도 및 시·군 관계관 및 검역본부 담당관과 협의를 거쳐 이를 확대하거나 축소할 수 있다.

2.2. 이동제한 명령

2.2.1. 발생지를 관할하는 시·군은 방역지역 안에서 사육되는 감수성축종 동물의 소유자 등에 대하여 해당 동물의 격리·억류 또는 이동제한 명령 및 「가축전염병 예방법」 시행규칙 제22조제1항에 따른 명령서 개별통보(SMS 문자 메시지 병행이용) 및 공고를 실시한다.

2.2.2. 발생농장 및 관리지역 안의 감수성축종 사육농가에 방역 관련 공무원(방역조치에 필요한 공무원 등을 말함)을 배치하고 해당 농가에 대한 일일 임상관찰, 오염물건 소독, 이동제한 등 방역 조치를 실시하게 한다.

2.3. 통제초소 및 거점소독시설 설치·운영

2.3.1. 시·군은 방역지역 내의 주요 국도 및 지방도로에 이동통제초소를 설치하고 감수성 가축 및 축산물의 이동을 제한한다.

- 방역지역이 구분되는 각 도로망에 이동제한 통제초소 및 소독시설을 설치·운영하고, 사람, 가축 또는 차량에 대하여 교통차단·출입통제·소독 등 차단방역을 실시한다.

2.4. 방역지역 내 예찰·검사

2.4.1. 시·도 가축방역기관은 관리지역 내 포유동물 감수성축종 사육농장에 대한 예찰 및 검사를 신속히 완료하여 추가 발생 여부를 확인하여야 하며, 이 경우 검사는 가급적 발생농장과 거리가 먼 농장부터 실시한다.

* 가금농가의 경우 반경 10km 예찰지역의 가금농가에 대한 예찰 및 검사 실시

2.4.2. 시·도 또는 시·군은 관리지역 안의 발생축종 사육농가에 대하여 환축의 발생 사실이 공표된 날부터 2일 내에 전화 등을 통한 예찰을 완료하고, 이동제한 해제 시까지 주기적으로 전화 등을 통한 예찰을 실시한다.

2.5. 방역지역 내 고병원성조류인플루엔자 추가 발생 시 조치

2.5.1. 시·군은 방역지역 안에서 고병원성조류인플루엔자가 추가로 발생 시 최초 발생 당시의 방역 지역을 유지한다. 다만, 추가 발생 지역의 위치, 거리 등에 따라 필요 시 시·도와 협의하여 방역지역을 다시 설정할 수 있다.

10 이동제한 요령

Ⅰ. 기본원칙

1. 포유류 가축에서 고병원성조류인플루엔자 발생 시 발생농장(시설)을 중심으로 방역지역(관리지역)이 설정되며, 고병원성조류인플루엔자 확산 차단을 위해 방역지역 내에서는 감수성가축 및 발생가축의 생산물(원유·지육·뼈 등), 사료, 물품, 분뇨 등 이동이 제한된다.
2. 이동제한은 「가축전염병 예방법」 제19조에 따른 명령으로 준수해야 할 의무사항이며, 명령을 위반한 자는 같은 법 제57조에 따라 1년 이하의 징역 또는 1천만원 이하의 벌금에 처한다.

Ⅱ. 기관별 조치요령

1. 시·군

1.1. 시·군은 방역지역 내 포유동물 감수성가축 사육농장 및 축산시설, 축산차량 등을 대상으로 「가축전염병 예방법」 제19조 및 같은 법 시행규칙 제22조제1항에 따른 격리·억류 또는 이동 제한 명령서를 발부하고, 관련 공고를 실시한다.

* 신속한 전달을 위해 SMS 문자메시지로 이동제한 명령서 발부 내용을 우선 전달

1.2. 시·군은 방역지역 내 감수성축종 사육농장 및 축산시설, 축산차량 등이 이동제한 명령을 준수하고 있는지 점검하고, 위반 시 즉시 시정 및 관련 법령에 따라 고발 등 조치한다.

2. 시·도

2.1. 시·도는 방역지역 내 포유동물 감수성가축 사육농장 및 축산시설, 축산차량, 해당 계열화사업자 등을 대상으로 이동제한 내용을 지도·홍보하고, 시·군으로 하여금 이동제한 이행상황을 점검하도록 조치한다.

3. 농림축산검역본부

3.1. 검역본부는 중앙기동점검반 등을 활용하여 방역지역 내 이동제한 이행실태를 점검하고, 위반사례 확인 시 즉시 시정하도록 조치하고 관할 지자체에 통보하여 벌칙이 부과될 수 있도록 조치한다.

3.2. 검역본부는 KAHIS를 활용하여 방역지역 내 축산차량 이동상황을 모니터링하고, 위반 의심사례 확인 시 관할 지자체에 해당 내역을 통보한다.

Ⅲ. 대상별 이동제한 요령

| 방역지역 및 대상별 이동제한 조치 내용 |

구분	관리지역(500m)
소	■ 발생농가 양성축 격리·치료 또는 살처분 및 반출입 금지(이동제한 기간 30일) * 최초 양성축 확인 후 발생 및 인접 시·군 젖소농장 등 일시 이동중지 및 젖소농장 일제검사, 위험도평가 후 발생농가 살처분 여부 및 범위 설정까지 양성축은 농장 내 별도의 장소에서 다른 가축과 격리조치 * 출하 7일 전 지자체 신고 및 개체별 정밀검사 결과 항원 음성 시 가축방역관의 지도·감독하에 가장 가까운 지정 도축장으로 도축 출하 허용 * 이동제한 기간(잔존물 소독처리 완료일 기준 30일)이 경과하고 개체별 항원 검사 및 환경검사 결과 음성 시 이동제한 해제 (양성축 확인 후 7일 간격 개체별 항원검사를 실시하며, 최종 연속 2회 음성 확인) ■ 이동제한 기간 중 관리지역 내 다른 농장의 소 반출·입 금지 * 도축장 출하 시 출하 7일 전 지자체 신고 및 개체별 정밀검사 결과 항원 음성 시 지정 도축장으로 출하
원유	■ 이동제한 기간 중 발생농장 원유는 납유 금지(소독·폐기) ■ 발생농장 외 관리지역 내 다른 농장의 원유는 농장별 집합유 검사결과 항원 음성 확인 후 관리지역 내 지정집유차량을 이용하여 납유 허용 * 관리지역 경계에서 다른 집유차량으로 이송하여 납유
돼지	■ 발생농가 H5·H7형 양성축은 살처분 * 출하 7일 전 개체별 항원검사 음성 시 가축방역관의 지도·감독하에 가장 가까운 지정 도축장으로 도축 출하 허용 * 양성축 확인 이후 7일 단위로 사육단계별 동거축 및 환경 항원검사 결과 음성 확인 시까지 이동제한 ■ 이동제한 기간 중 관리지역 내 다른 농장의 돼지는 사육단계별 항원 음성 시 지정 출하차량을 이용하여 출하 허용
염소	■ 발생농가 양성축 격리·치료 또는 살처분 및 반출입 금지(이동제한 기간 30일) * 최초 양성축 확인 후 위험도평가 결과 도출까지 양성축은 농장 내 별도의 장소에서 다른 가축과 격리조치 * 위험도평가 결과에 따라 발생농가 살처분 여부 및 범위 설정, 이동제한 기간 및 해제조건 설정
농장 분뇨	■ 반출 금지 * 농장 내 시설을 최대한 활용하여 자체 처리하되, 농장 보유 능력 한계로 자체 처리가 어려운 경우 소독 및 정밀검사 결과 음성 확인 후 시장·군수의 확인을 받아 공동자원화시설, 공공처리장 등으로 반출 가능
농장 사료·깔짚	■ 반출 금지 * 반입은 관리지역 전용 지정차량으로 지정된 환적장을 이용하여 실시 가능하며, 지정차량은 발생농장과 관리 관리지역 내 다른 농장을 구분하여 운행
비료공장 (유기질비료생산)	■ 발생축종 분뇨로 유기질 비료를 생산하는 시설은 폐쇄 * 발생축종의 분뇨차량 통행금지
가축시장	■ 관리지역(500m) 이내 가축시장은 폐쇄
반려동물 출입시설 (반려동물)	■ 「조류인플루엔자 방역실시요령」 별표6 도심지 방역실시요령을 준용하여 방역지역 설정 (시설 소독 및 사람, 차량, 감수성 동물 등 가축방역관 지도·감독 하에 출입 시 소독 실시) ■ 반려동물은 임상증상이 없고 7일 간격 2회 정밀검사 결과 항원 음성인 경우 이동제한 해제 ■ 반려동물 생산업 등 영업장은 젖소농장의 사례를 준용, 30일간 이동제한(7일 간격 개체별 정밀검사) 후 정밀검사 및 환경검사에서 이상이 없는 경우 이동제한 해제 ■ 소·돼지·염소 등 가축사육 농장 내에 함께 사육하는 개·고양이의 경우 가축과 접촉이 없도록 격리하여 함께 이동제한 실시

11 양성축(소 · 돼지 · 염소) 살처분 및 사체처리 요령

1. 살처분 기본원칙

1.1. 시·군·구청장은 돼지에서 H5 또는 H7 항원 양성축에 대해 살처분명령서를 발부하여야 하며, 소·염소에서 고병원성조류인플루엔자가 발생하는 경우에는 양성축을 격리하고 별표6에 따른 위험도평가 결과에 따라 살처분이 필요하다고 결정되는 경우 살처분명령서를 발부하여야 한다.

1.2. 살처분은 가축방역관의 지도 하에 농장 내에서 최대한 신속하게 처리하고, 부득이한 경우 농장에서 가까운 곳에서 실시할 수 있다. 이 경우 방역상 안전하게 이송하여 처리하여야 한다.

- 살처분 명령 후에는 지체없이 살처분을 시작하여 24시간 이내에 발생농장 내에서 처리를 완료하고, 동물의 사체와 가축의 생산물은 최대한 신속하게 처리하되 살처분 완료 후 72시간 이내 폐기처리 한다. 단 살처분 대상 수가 많거나 불가피한 사유로 기한 내 살처분이 어려울 경우 해당 시·도에서 살처분 지연 사유와 완료 예정 일시, 차단방역 조치 등이 포함된 살처분 계획을 마련하여 농식품부에 보고한다.
- 발생농장에서 사육되고 있는 감수성 동물(개, 고양이)은 정밀검사를 실시하여 격리·치료 또는 소유자 동의 하에 안락사 조치한다.

1.2.1. 살처분 작업시, 축사 내 먼지, 분변 등이 축사(농장) 밖으로 비산되어 농장 내·외부 및 인근지역에 바이러스가 오염되는 것을 방지하는 조치를 하여야 한다.

1.2.2. 살처분 작업 전·후 충분한 양의 소독약을 축사 내부 공간에 고르게 살포하여 축사 밖으로 사체를 운반하고, 축사 외부에서 살처분을 실시하는 경우에는 가축의 이동경로를 지속적으로 소독한다.

1.3. 살처분반은 통보(설득팀), 보상 평가팀, 살처분 실시팀으로 각각 구성하고 각 팀을 순차적으로 살처분 농장에 투입한다.

1.4. 살처분 실시는 가축방역관의 지도 · 감독 하에 실시한다.

1.5. 살처분은 전살법, 가스법(이산화탄소 등), 약물 사용법 등 동물보호법령의 규정에 따라 정해진 방법 중 현장에서 적용이 쉽고 신속히 완료할 수 있는 방법으로 실시하되, 동물의 고통을 최소화하여야 하며, 동물의 즉각적인 의식 소실을 유도하고 의식이 소실된 상태에서 절명이 이루어지도록 한다.

2. 사전 조치사항

2.1. 시장·군수는 평시에 가축 사육 규모를 감안하여 살처분, 사후처리 등을 위한 예비인력 및 장비를 확보하고 살처분 요령, 안전 수칙 등에 대한 교육을 실시한다.

2.2. 살처분 전에 통보팀(설득팀)은 해당 농장에 대해 전화로 살처분 명령사항을 예고한 후, 현장을 방문하여 살처분 명령서와 농장 준수사항 등을 전달 및 설득한다.

- 통보사항 : 살처분 사유, 대상, 살처분 준수사항, 살처분 보상 및 지원내용, 이동제한 등 의무사항, 살처분 지연 등 방역에 비협조시 불이익사항, 사후 방역조치사항 등

2.3. 살처분 명령 통보 이후, 보상평가팀은 해당 농장의 가축에 대한 조사와 보상금 평가를 실시한다.

- 보상평가팀은「살처분 가축 등에 대한 보상금 지급요령(고시)」에 따라 살처분·폐기대상 가축(사육두수, 연령, 체중), 사료·볏짚·건초·약품·원유 등 오염물건을 조사하고 평가한다.

2.4. 살처분을 실시하기 전 주변농장 및 주변지역에 살서제를 놓는 등 구서 대책과 살충 대책을 수립하여 먼저 시행하여야 한다.

2.5. 살처분에 참여하는 인력에 대한 사전 조치사항

- 사체의 처리에 참여하는 인력은 개인보호구(마스크·보호복·장화·보호안경·장갑 등)를 착용하고 작업을 시작한다
- 시·군·구는 사체처리에 참여하는 인력에 대하여 조류인플루엔자 SOP의 별표 20. 살처분 등 참여자 예방교육 및 심리지원 등'에 따라 작업 전·후 반드시 방역수칙 교육(사체처리 관련규정, 작업요령, 주의사항, 안전사고 예방 등), 적절한 인체감염 예방교육 조치 및 출입자 통제를 실시하며, 심리적 안정과 정신적 회복을 위한 상담, 치료기관, 치료절차 등 지원 사항에 대하여 안내한다.
- 시·군·구는 사체처리에 참여하는 인력의 개인정보 수집·활용 등 동의를 받아 개인 인적사항(성명, 나이, 주소, 전화번호 등)을 확인하고 시·군 보건 부서에서 감염예방 조치를 실시할 수 있도록 사전에 통보한다. 이를 위하여 시·군·구는 보건부서에서의 감염예방 조치가 신속하게 조치될 수 있도록 사전에 동물방역부서와 보건부서 간의 비상연락망을 구축한다.
- 시·군·구는 사체 처리에 참여하는 외국인 인력은 반드시 개인 인적사항,

연락 가능한 전화번호(휴대폰 번호 포함) 및 주소 등 연락처를 기록하고, 연락 가능 여부를 확인한다.

- 외국인 인력의 사전 교육 전 한국어 의사소통 가능을 확인한 후, 번역 자료를 이용하여 방역 수칙 교육을 실시한다.

3. 살처분반 구성 및 팀별 업무

3.1. 살처분은 통보팀(설득팀), 보상금 평가팀, 살처분팀 순으로 투입한다.

3.2. 기동방역기구(검역본부)는 살처분이 동물복지규정에 부합하도록 인도적으로 이루어지는지 점검하여야 한다.

- 기동방역기구(농식품부·검역본부)는 살처분 현장에서 사용되는 기구·장비·차량·기자재 및 참여 인력 등이 소독 등 방역조치 없이 현장에 출입하지 않도록 조치하고, 분변·먼지 등 비산 방지를 위한 차단벽 운영실태 확인 등 현장 방역관리 실태를 점검하고 미비점은 즉시 보완한다.

3.3. 살처분 팀별 인력구성 및 임무

3.3.1. 인적구성

- 가축방역관, 감독관(시·군 관계관) 및 작업 인부로 구성하여 인원은 살처분 작업물량에 따라 당일에 살처분이 완료되도록 조정한다.
- 만 20세 미만, 65세 이상, 임산부, 신분증 미소지자, 신원확인 및 연락처 확인 불가능자, 38℃ 이상 고열 등의 감기 증상이 있는자, 폐질환·심장질환·당뇨·신장질환·만성 간질환·악성종양·면역저하증 및 혈색소병증 환자로 진단 받은 자는 살처분 등에 참여할 수 없다.

3.3.2. 살처분 및 사체처리에 참여한 사람에 대한 조치사항

- 살처분 및 사체처리 작업 시 착용한 모든 의복·신발·모자·장갑 및 기타 보호구(마스크·보호복·장갑 등)는 소각하되, 장화·보호안경 등 부득이하게 재사용 시 소독수에 넣어 충분히 소독 후(1분 이상) 사용한다.
- 기타 시계·지갑·화폐 등은 오염되지 않은 밀폐용기에 보관하고, 반출이 불가피한 물건이 있는 경우 소독 후 가축방역관의 허가를 받고 반출한다.
- 살처분 및 사체처리 작업이 종료된 후 살처분 참여자가 귀가하기 전에 의복, 신발 등을 소독하고, 소독이 적절하게 실시되었는지 확인을 위해 환경검사를 실시한다.

  * 환경검사 시료채취는 발생농장 작업자 전원에 대한 옷, 양손, 양발(신발)에서 각 1점씩 1인당 5점 채취

- 귀가 후 즉시 목욕하고 다시 새로운 옷으로 갈아입으며, 살처분 작업 전·후 착용하였던 신발·의복 등은 세척하여야 한다.

- 비누로 3번 이상 목욕을 하여야 하며, 매번 반드시 5회 이상 코를 풀고 가래침을 뱉도록 하여야 한다.
- 살처분 및 사체처리 작업을 마친 후 최소 7일 간은 축산농장 및 축산관련 시설에 출입을 금지한다.

* 다만, 살처분 및 사체처리 작업을 위하여 발생지역의 다른 농장을 출입하는 경우에는 제외

- 시·군·구는 살처분 및 사체처리에 참여한 사람에 대하여 역학조사 및 추적 관찰이 가능하도록 인적사항을 기록·유지하고 이를 다른 시·군·구에 통보한다.

3.3.3. 살처분 작업에 동원된 기구·장비 및 차량 등에 대한 조치사항

- 기구·장비 및 차량 등은 비누·세정제 등으로 철저히 세척하고 이물질을 깨끗이 제거한 후 소독을 실시하여야 한다.

* 특히, 타이어, 차량 밑바닥, 운전대·시트·차량 내부 바닥(발판) 등 오염 가능성이 높은 부분에 대하여 철저히 소독한다.

- 살처분 작업에 동원된 기구·장비 및 차량 등은 해당 작업을 마친 후 최소 7일간은 축산농장 및 축산관련 시설에의 출입을 금지한다.

* 다만, 살처분 및 매몰작업을 위하여 발생지역의 다른 농장을 출입하는 경우에는 그러하지 아니하다.

- 소독은 해당 작업을 실시한 곳의 출입구에서 실시하며, 세척·소독으로 인해 다량의 물이 다른 장소로 흐르지 않도록 조치하고, 필요한 경우 구덩이를 파서 유출을 방지한다.
- 살처분 작업에 사용된 차량·기구 및 도구 등은 소독이 적절하게 실시되었는지 확인을 위해 환경검사를 실시한다.

* 환경검사 시료채취는 발생 및 예방적살처분 구분 없이 투입된 모든 차량·장비에서 채취하며, 장비는 바퀴 또는 지지대(2점), 발판(1점), 사체접촉 부위(2점)에서 장비별 5점을 채취하고, 차량은 바퀴(3점), 운전석 발판(1점), 사체 접촉 부위(바가지, 집게 등, 1점)에서 차량별 5점을 채취한다.

- 살처분 농장 주변 도로는 방역차량 등을 활용해 충분히 소독하여야 한다.

3.3.4. 살처분 농장 등 사후관리

- 살처분 작업이 완료된 후 해당 농장에 대해서는 시·군에서 농장주와 공동으로 최초 청소·세척·소독을 실시한다.
- 발생농장주는 이동제한 기간 중 매일 농장 내외부를 소독하고, 시·군 관계관은 매주 1회 이상 발생농장의 세척·소독 실시 여부를 점검한다.

3.3.5. 가축방역관의 임무

- 살처분 등 준비상황 사전점검
- 살처분 등 절차지시 및 소각 또는 매몰 감독
- 소각·매몰 장소 점검
- 필요한 경우 검사 또는 유전자원 확보용 시료 채취
- 살처분 참여 인력의 소독 등 방역관련 지도·감독
- 살처분 후 세척·소독 등 사후관리 지도·감독 등

3.3.6. 감독관(시·군 관계관)의 임무

- 살처분 및 소각 또는 매몰 현황파악
- 살처분 등에 필요한 작업인원, 준비물, 소각·매몰 장소, 살처분 방법 등의 제반사항 사전준비
- 구성원에 대한 역할분담
- 살처분 등 집행
- 살처분 후 발생농장 세척·소독 등 사후관리
- 살처분 등 결과보고 및 소각·매몰 장소 사후관리 등

3.3.4. 사체처리반 구성 및 팀별 업무

- 사체 처리는 사체처리팀, 사후처리팀의 순으로 투입하며, 보상금평가가 완료되면 살처분 실시팀과 동시에 투입한다.
- 사체처리 인력은 작업물량에 따라 신속한 처리가 가능한 인원을 투입한다.

3.4. 준비물

- 살처분 기구(CO2가스, N2가스, 가스거품발생액, 가스거품발생장치, 전살기 등), 톤백, 마대, FRP 등
- 전신보호복, 마스크, 보안경, 보호덧신, 장갑 등

구분	규격 기준
전신 보호복	D급(바이러스 불침투)
마스크	N95/KF94 등
장갑	라텍스 재질, 이중 장갑(속장갑, 겉장갑) * 겉장갑은 작업에 용이한 긴장갑 사용(예.고무장갑)
보안경	안전 고글
보호덧신	일회용 덧신, 장화

* 구매사양 : (보호복) 산업안전기본법에 따른 인증제품으로 혈액 및 체액차단(ISO 16603)/병원균차단(ISO 16604)/건조한 미생물침투 저항성(ISO 22612)이 있을 것, (고글) 김서림 방지 및 긁힘방지 코팅 처리, 간접통풍구 부착

- 작업자에게 투여할 약물(항바이러스제제, 예방약 등)

- 소독약, 생석회 등(살처분 장소 등 소독용)
- 차단벽, 천막 등(분변·먼지 비산방지)

3.4.1. 개인보호구 착·탈의 시 주의사항

- 개인보호구는 적절하게 착·탈의 하였을 때만 감염을 막을 수 있으므로 개인보호구를 입고 벗는 방법을 철저히 준수해야 함
- 살처분 현장 등 오염지역에 들어가기 전에 입고, 새로 들어갈 때마다 교체해야 함
- 탈의한 오염된 개인보호구는 정해진 장소에서 폐기물 전용 용기에 폐기
- 보호복이 열에 약하므로 불 근처에 가까이 가지 않아야 함
- 개인보호구 탈의 후 손씻기 등 개인위생관리에 최선을 다해야 함
  * 알코올 소독제 등 손 소독제를 이용
- 필요시 장화, 방수복 등 추가장비 착용
- 오염된 개인보호구 탈의 시 자신의 신체부위와 주변 환경이 오염되지 않도록 주의

3.4.2. 마스크 착용 방법

- 마스크는 얼굴에 밀착되도록 해야 하고 턱수염이 있는 경우 면도 후 착용
- 노즈클립을 구부려 콧등에 밀착되도록 조절
- 마스크를 착용 후 "후"하고 불어 공기가 새는 부분이 없는지 확인하고 새는 경우는 다시 조절 후 밀착되도록 착용
- 마스크에 조류 분변 등 오염물질이 튀거나 젖는 경우는 즉시 교체함
- 1회용 마스크는 4~6시간 후에 교체함

4. 살처분 방법

4.1. 전살법

4.1.1. 준비물

- 전살기, 전원 공급장치, 보정용 기구, 절연작업복 · 절연장화 · 절연장갑, 헬멧 · 고글 등 개인보호구 등

4.1.2. 방법

- 1차로 전극을 머리에 3초 이상 적용시켜 기절시킨 후, 즉시 심장부위로 전극을 옮겨 3초 이상 적용시켜 죽음에 이르게 한다.
- 동물이 완전히 절명한 후 사체를 처리하며, 만일 의식을 회복하였거나 의식회복이 의심되는 개체는 상기방법을 재차 적용한다.
- 전살에 사용되는 전류는 낮은 주파수(교류 싸인파 50Hz)이어야 하며,

축종별 최소 전압 및 전류는 다음과 같다 : 소(220V/15A), 6주 이상 돼지(220V/13A), 6주 이하 돼지(125V/05A)

- 정기적으로 전극을 세척하여 최적의 전기적 접촉이 이루어지도록 한다.

4.2. 타격법(소)

4.2.1. 준비물

- 타격기, 보정용 기구, 작업복·장화·헬멧·장갑·고글 등 개인보호구 등

4.2.2. 방법

- 타격기를 이용하여 가축의 두부를 타격한다.
- 한번에 기절시킬 수 있도록 정확하게 타격한다.
- 스테인레스 재질의 철재로 연수 및 척수를 파괴하여 절명을 확인 후 사체를 처리한다.
- 타격법 사용시, 동물 유래의 체액 · 혈액의 누출로 인한 질병전파를 억제하기 위하여 살처분 장소를 보다 철저히 소독하여야 한다.

4.3. 약물사용법

4.3.1 준비물

- 동물에게 고통을 주지 않는 약물(Xylazine+염화트리메칠암모늄메칠렌, Barbiturates 등), 보정용 기구, 주사기, 작업복 · 장화 · 헬멧 · 장갑 · 고글 등 개인보호구 등

4.3.2. 방법

- 약물은 즉각적인 안락사가 가능한 약물을 선택한다.
- 약물사용은 해당 제품의 설명서에 따라 동물에 주입한다.
- 동물이 완전히 절명한 후 사체를 처리한다.
- 약물 사용이 약하거나 의식이 회복되었거나 의식 회복이 의심되는 개체는 적정량의 약물을 재투여하거나 기타 보조방법을 통해 죽음을 유도하여야 한다.
- Barbiturates는 향정신성의약품이므로 관계기관(식품의약품안전처)에 사전 취급승인 신청을 하여야 함(평시에 승인신청 필요)

4.4. 가스법(이산화탄소 사용)

4.4.1. 준비물

- 이산화탄소가스, 밀폐용비닐, 굴삭기, 덤프트럭, 암롤박스(필요시), 작업복·장화·헬멧·장갑·고글 등 개인보호구 등

4.4.2. 방법

- 동물의 이동이 용이하고, 장비작업이 가능한 장소에 살처분 물량을 고려하여 적당한 크기의 구덩이를 설치한다. 신속한 살처분을 위해 살처분 물량이 많을

경우 여러 개의 구덩이를 설치한다.

- 구덩이 조건이 나쁘거나, 구덩이 파기가 곤란한 경우 암롤박스를 이용한다.
- 동물을 구덩이 등에 이동시킬 때 미끄러지거나 추락하지 않고 안정적인 상태에서 구덩이안으로 이동할 수 있는 완만한 경사로(20도)를 만들어야 하며 구덩이내의 동물이 서로 올라타거나 겹쳐지지 않도록 한다.
- 동물을 구덩이에 몰아넣고 구덩이 상단부에 비닐을 덮고 흙을 이용하여 밀봉한 후 이산화탄소 가스를 주입한다.(가스통 2~3개를 동시에 주입할 경우 효과적임)
- 약물 사용이 약하거나 의식이 회복되었거나 의식 회복이 의심되는 개체는 적정량의 약물을 재투여하거나 기타 보조방법을 통해 죽음을 유도하여야 한다.
- 살처분이 완료되면 비닐을 제거하고 가축의 절명을 확인하고, 사체를 처리한다.

4.5. 가스법(질소거품 사용)

4.5.1. 준비물

- 질소(N2) 가스, 가스거품발생액, 가스거품발생장치, 물통(300리터), 굴삭기, 덤프트럭, 암롤박스(필요시), 작업복 등 개인보호구 등

4.5.2. 방법

- 동물의 이동이 용이하고, 장비작업이 가능한 장소에 살처분 물량을 고려하여 적당한 크기의 구덩이를 설치한다.
- 신속한 살처분을 위해 살처분 물량이 많을 경우 여러 개의 구덩이를 설치한다.
  ※ 예) 돼지 20~30두 기준(54㎥) : 가로 3m × 세로 6m × 깊이 3m
- 구덩이 조건이 나쁘거나, 구덩이 파기가 곤란한 경우 암롤박스를 이용한다.
- 동물을 구덩이 등에 이동시킬 때 미끌어지거나 추락하지 않고 안정적인 상태에서 구덩이 안으로 이동할 수 있는 완만한 경사로(20도)를 만들어야 하며 구덩이내의 동물이 서로 올라타거나 겹쳐지지 않도록 한다.
- 동물을 구덩이에 몰아넣고, 구덩이를 비닐 등으로 밀봉하지 않은 개봉된 상태로 질소가스거품에 노출시킨다.
- 질소가스통과 연결된 거품발생장비를 활용하여 질소가스거품을 발생시킨 후 호스에 연결된 거품분사기를 구덩이로 이동시켜 거품을 분사한다(그림 1. 참고)
  ※ 예) 54㎥ 기준 질소가스거품 소요량 : 질소가스 4통, 가스거품발생액 10리터
- 동물이 모인 구덩이의 뒷부분부터 질소가스거품을 천천히 분사한다 (동물의 머리가 잠길 때까지 분사).
- 동물은 질소가스거품에 노출시 크게 동요되지 않으며, 거품으로 인해 동물의 시야가 가려져 개체간 움직임이 거의 없으며, 30초내 마취상태가 된다.

- 동물이 죽은 것을 확인한 후(스스로 머리가 거품속으로 파묻힐 때를 안락사 완료 시점으로 본다) 포크레인을 이용하여 사체를 FRP통 등 처리 장소로 운반한다.
- 살처분 작업을 같은 구덩이에서 연속으로 수행 할 경우에는 질소가스 거품이 구덩이 내에 채워져 있는 상태에서 동물을 추가로 구덩이로 이동시키고 질소가스거품을 보충 하면서 살처분 작업을 진행한다.

※ 질소가스 흡입 후 죽게 되는 과정 : 초기에 고통 없이 질소가스를 통한 호흡을 하다 산소부족으로 서서히 마취가 되며, 마취 이후 의식이 없는 상태에서도 지속적인 호흡을 통해 최종적으로 무산소증으로 죽게된다.

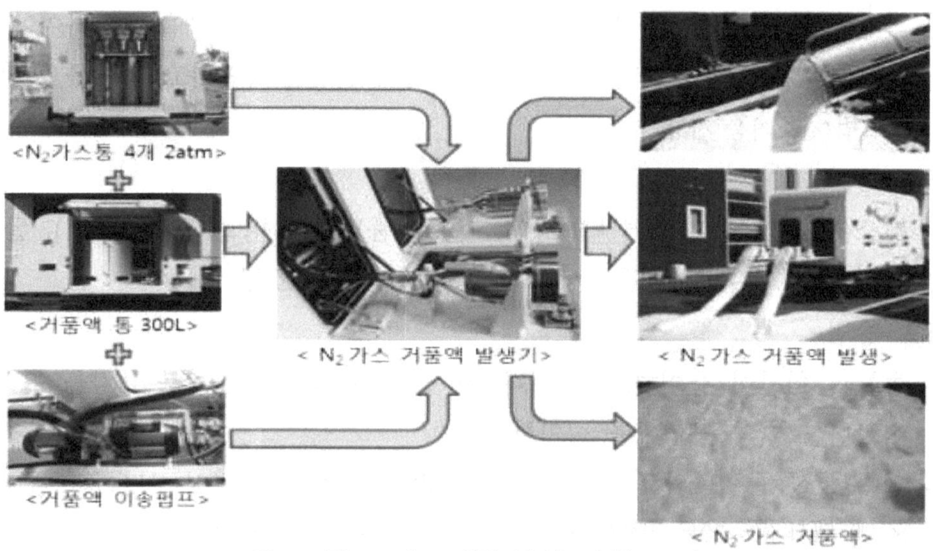

그림 1. 질소 가스거품 발생 장치 모식도

	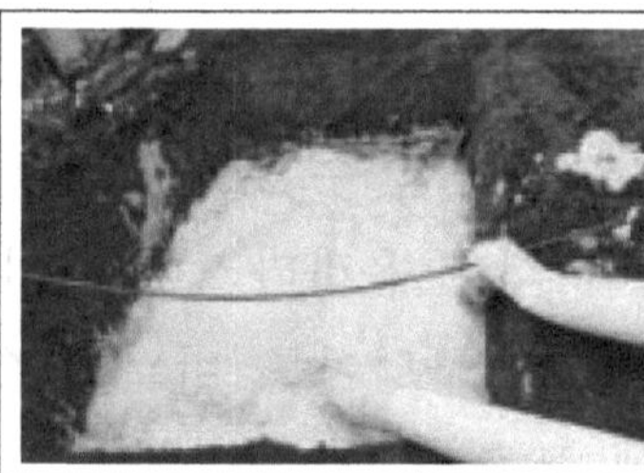	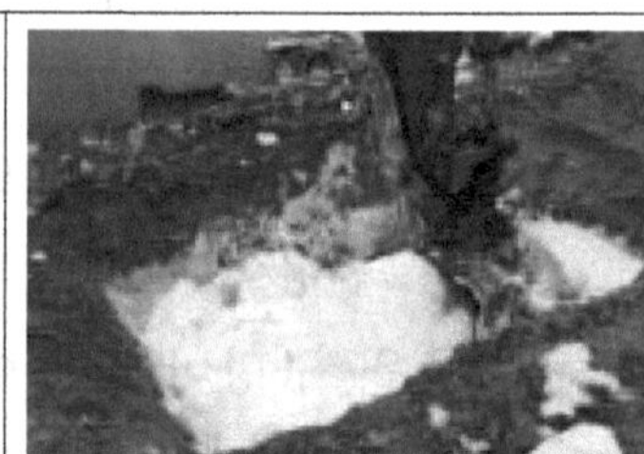
이동식 가스거품 발생장치	구덩이내 거품분사	포크레인 사체 운반

그림 2. 질소가스거품을 이용한 안락사 예시

5. 사체 처리요령

5.1. 축종별 사체처리요령은 구제역·아프리카돼지열병 SOP를 준용하되, 작업 시 조류인플루엔자 SOP 상의 인체감염 관련 사항을 포함한다.

5.2. 최초 감염축 살처분 이후 추가 감염축에 대한 살처분을 대비하여 살처분을 실시한다.

12 가축(젖소 등) 격리 · 치료 요령

1. 기본원칙

1.1. 젖소 등 포유류 가축(H5·H7 항원 양성 돼지 제외)에서 감염된 개체 발생 시 우선적으로 격리하고, 젖소·염소 축종별 첫 발생 시의 위험도평가를 거쳐 발생농장(감염축 등) 살처분 여부 및 그 범위를 설정하며, 위험도평가가 완료될 때까지 감염축은 농장내 별도로 구획된 장소에 격리한다.

* 이후 해당 축종을 사육하는 농장에서 추가 발생 시 별도의 조치가 없는 이상 처음 실시한 위험도평가 결과에 따라 살처분 또는 격리 등의 조치

1.2. 격리·치료

1.2.1. 감염축은 임상증상이 없는 경우부터 식욕감퇴, 반추활동 이상, 고열, 비즙 분비, 배변이상, 호흡곤란, 이상유 분비, 산유량 감소 등 다양한 증상이 나타날 수 있다.

1.2.2. 특히, 착유과정 등 오염된 원유에 의해 유선을 통한 전파 가능성이 가장 높게 나타난 점 등을 참고하여, 감염축은 축사 내 별도의 장소에 격리하여 관리한다.

1.2.3. 격리된 장소에는 다른 가축 및 야생조수류가 접촉하지 않도록 조치한다.

1.2.4. 격리 중에 감염축에 사료·물 등을 공급 시 다른 가축과 접촉이 없도록 별도의 용기를 통해 공급하고, 감염축의 분뇨 등이 다른 가축 및 야생조수류에 접촉하지 않도록 수시로 소독처리한다.

1.2.5. 착유 시 감염축은 별도의 착유기를 통해 착유하고, 감염축의 원유 및 착유시 사용하는 장비는 사용 후 즉시 소독 조치한다.

1.2.6. 가축에서 고병원성조류인플루엔자에 대한 치료제는 없으므로 축사 내 동거축과의 접촉차단 등 전파되지 않도록 주의하고, 치료 결정 시 개체별 임상증상에 맞는 대중요법에 의한 치료를 실시할 수 있다.

1.3. 인체감염 예방

1.3.1. 가축 사육 중 인체감염 우려가 있어 작업자는 고글, 마스트, 방역복, 장갑, 장화 등 개인보호구를 착용하고 살처분 참여자에 준하는 예방조치를 시행한다.

1.3.2. 작업 전후 손씻기 등 인체감염 별표9의 인체감염 예방수칙을 준수하도록 한다.

13 반려동물(개 · 고양이) 격리 · 치료 요령

1. 기본원칙

1.1. 고병원성조류인플루엔자에 감염된 반려동물(개·고양이)은 격리·치료를 원칙으로 하되, 소유주 희망에 따라 안락사 처리가 가능하다.

1.2. 격리·치료

1.2.1. 감염 반려동물은 거주환경 및 전파 위험성 등을 감안하여 거주 유형에 따라 격리·치료 또는 안락사 방법을 적용한다.

1.2.2. 소유주의 주택에 별도의 격리 시설이 있는 경우에는 해당 장소에서 격리·치료하되, 별도의 시설이 없는 경우 지자체에서 지정한 격리시설에 격리하고 지정된 수의사가 치료할 수 있도록 조치하는 것이 원칙

- 감염동물 관할 시·군·구에 지정 격리시설이 없는 경우 타 지역의 지정시설 활용 협조

  * 시·도는 인수공통전염병 감염 반려동물 관리를 위한 격리시설 또는 위탁시설 등 사전 지정

- 소유주 등 최근 10일 이내에 감염 동물과 접촉한 사람의 연락처, 성명 등을 보건소에 제공하여 인체감염 여부 확인 등 방역조치에 활용
- 격리·치료시 관리를 위한 관리자 및 치료를 위한 수의사를 지정하여 운영
- 감염동물 격리실 출입자는 KF94, N95 이상의 마스크, 장갑, 긴팔 가운, 고글 또는 안면보호구, 덧신 등 개인보호장비를 착용하고 격리실 출입 전·후 마다 대인소독 실시
- 격리동물 취급 전·후 사용한 장비 및 도구 등에 대한 소독 철저
- 격리동물 배설물, 밥그릇 등은 전용 용기에 별도로 밀봉하여 의료폐기물 소각 업체 등을 통해 안전하게 처리
- 감염동물 외에 동거한 반려동물이 있는 경우 조류인플루엔자 항원검사 결과 음성인 경우 접촉 최소화 및 별도로 격리하여 임상증상이 없고 7일 간격 2회 항원검사 음성인 경우 격리 해제

1.2.3. 동물보호소, 동물생산업장 등에서 집단으로 사육하는 경우 해당 시설 내 격리시설에서 격리·치료

- 전염병 확산을 차단할 수 있는 격리시설 활용
- 감염동물이 사용한 밥그릇, 침구류, 장난감 등은 모두 소독 또는 소각하고, 시설 내 다른 동물에 대하여 항원 정밀검사 실시

  * 최초 감염 통보 이후 전체 동거축에 대해 마지막 발생일(잔존물 소독처리 완료일 기준)로부터 30일간 이동제한 하고, 이동제한 기간 동안 7일 간격 개체별 항원검사 연속 2회 음성, 임상증상이 없으며, 이동제한 기간 이후 개체 및 환경검사에서 음성인 경우 이동제한 해제

1.3. 안락사 처리

- 소유주(또는 관리자) 희망 시 감염동물 안락사 조치
- 안락사 처리 시 감염동물 접촉자는 개인보호장비를 착용하고, 안전하게 실시 후 사체는 소독·소각 처리하여 전염병 전파 가능성 차단

1.4. 격리·치료 시설

- 격리실은 다른 시설과 출입구를 별도로 하는 독립된 건물 또는 다른 시설과 분리된 격리실 내에 사면이 차단되고 개별적 세척·소독·배기 등이 가능한 격리사(케이지) 이용으로 타 동물과의 접촉 가능성이 낮은 시설
- 격리실은 외부환경에 노출되지 않고 동물이 탈출, 도난 방지, 방역 등을 위한 방범시설 및 외부인 통제 시설 구비
- 감염동물의 격리시설로의 운송은 운송자와 감염동물 간 접촉을 차단하는 설비가 구비된 차량을 이용하여 실시
- 수의사 치료 시 별도의 격리 공간에서 개인보호장비를 착용한 수의사의 관리 하에 증상 완화를 위한 대증요법 등 조치
- 격리 시설은 매일 격리장소 내·외부를 청소·소독

14 발생농장 등의 청소 · 세척 및 소독요령

1. 기본원칙

1.1. 발생농장 등의 청소·세척 및 소독은 농장주가 직접 실시하고, 시·군·구는 이를 지도·점검하되, 불가피한 경우에는 시·군·구에서 소독을 지원한다.

2. 격리·치료 농장의 청소·세척 및 소독 요령

2.1. 격리·치료농장은 이동제한 해제 시까지 매일 소독한다.

2.2. 비발생 축사부터 청소·세척·소독한다.

2.3. 감염축은 농장 내 별도로 구획된 장소(축사 또는 우방)에서 격리한다.

2.4. 격리된 장소는 다른 가축 및 야생조수류가 접촉하지 않도록 조치하며, 감염축에 사료·물 등을 공급 시 다른 가축과 접촉이 없도록 별도의 용기를 통해 공급하고, 감염축의 분뇨 등이 다른 가축 및 야생조수류에 접촉하지 않도록 수시로 소독 처리한다.

2.5. 감염축의 분뇨는 다른 가축과 별도의 공간에 처리하는 등 비발생 축사로의 오염물이 전파되지 않도록 조치한다.

3. 부분 매몰농장의 청소·세척 및 소독 요령

3.1. 부분 매몰농장은 이동제한 해제 시까지 주 2회 이상 주기적으로 소독한다.

3.2. 축사 내부는 비어 있는 우방(돈방)을 먼저 청소·세척·소독 후 바로 옆 우방(돈방)에 있는 가축을 세척·소독 후 이송하는 방법으로 모든 우방(돈방) 및 가축에 대해 순차적으로 청소·세척·소독한다.

3.3. 비발생 축사부터 우선 청소·세척·소독 후 마지막에 발생축사를 실시한다.

3.4. 축사 외부·기계 장비에 대해 청소·세척 및 소독을 실시한다.

4. 전두수 매몰농장의 청소·세척 및 소독 요령

4.1. 전두수 매몰농장은 이동제한 해제 시까지 주 1회 이상 주기적으로 소독한다.

4.2. 농장의 청소·세척 요령은 다음과 같다.

- 축사 내·외부에 대하여 일제히 청소를 우선 실시한다.
- 모든 축사, 울타리, 부착기구 등은 인플루엔자 유효소독약으로 철저히 세척 후 이들 부위에 부착된 유기물질, 먼지 등 이물질을 브러쉬, 수세미 등을 사용하여 제거한다.
- 정화조, 하수구 및 배수구에 대해서도 세척 및 소독한다.
- 사료통, 음수통, 착유장치 등은 모두 비우고 세척한다.

4.3. 농장의 소독요령은 다음과 같다.

- 축사 소독은 천장, 벽면, 바닥 등의 순서로 실시하고 모든 축사에 대해 동일한 방법을 적용한다.
- 축사가 흙으로 되어 있는 경우 소독 후 뒤집은 다음 충분히 젖게 소독수를 뿌려준다.
- 축사 주위의 습지, 초지 및 오염이 가능한 환경에 대해서도 축사 내부와 동일하게 소독한다.
- 잡초가 많은 경우 제초제를 살포하여 제거한 후 소독한다.
- 발생농장의 사료창고, 농기구 보관함, 농장내 사택 등에 대해서는 훈증소독을 실시한다.

4.4. 사체 매몰 시 처리되지 않고 남은 오염물건(사료, 깔짚 등)은 소독수로 소독한 후 포대나 비닐봉지에 담아서 매몰 또는 소각 처리한다.

| 소독제의 적용 범위 |

소 독 제		주 요 적 용 대 상
염기(알칼리) 제제	가성소다, 탄산소다	축사, 시설, 폐수, 분뇨, 기계 및 차량, 의복 사람 및 축체에 사용금지 * 알루미늄 계통에는 사용금지
	생석회	사체, 동물이 없는 축사 바닥 및 토양 사람·차량이 많은 도로에는 적합하지 않음
산성제제	염산(Hydrochloric acid)	분뇨
	구연산(Citric acid)	분뇨
알데하이드계	글루타알데하이드	생체에는 사용금지
	포르말린	생체에는 사용금지
	포름알데하이드 훈증 (formaldehyde gas)	밀폐공간(축사, 창고, 사택, 차량 등)
산화제	차아염소산	축사, 기구, 숙소, 의복
	이염화이소시안산나트륨	축사, 기구, 숙소, 의복
	기타(복합염류)	축사, 기구, 숙소, 의복(소독제별로 다름)
비누 및 세정제		축사, 시설, 숙소, 기계, 차량, 의복

* 주요 적용대상은 소독제 성분 조성별로 다를 수 있으므로 제품별 설명서에 따라 선택하여야 함.

15 이동통제초소 및 거점소독시설 운용요령

1. 기본원칙 : 구제역·조류인플루엔자 SOP를 준용하여 실시한다.

16 도축장 지정 및 도축검사 요령

1. 도축장 지정

1.1. 시 · 도지사가 이동제한(관리지역) 지역 내 가축을 도축하기 위한 도축장 및 가공하는 가공장을 지정한다.

- 관리지역 내에 도축장이 있는 경우 관리지역의 가축만 해당 도축장에서 도축
- 관리지역 내에 도축장이 없는 경우 지형 등을 고려하여 가장 가까운 도축장을 지정하여 도축
- 도축장 여건상 해당 이동제한 지역 내 도축장 또는 비발생지역 도축장 이용이 불가한 경우에는 농림축산식품부의 사전 승인을 거쳐 타 이동제한 지역 내 도축장을 지정하여 도축할 수 있음
- 관할 시 · 도에 처리할 수 있는 작업장의 능력이 부족한 경우 인근 시·도지사에게 협조를 요청한 후 인근 시 · 도에 위치한 작업장을 지정할 수 있다.

1.2. 이동제한 지역 내 가축과 이동제한 지역 외 가축을 동시에 처리할 경우 도축 일자를 구분하여 실시한다.

2. 이동제한 농장의 도축장 출하

2.1. 발생농장을 포함한 관리 지역내 가축(소, 돼지 등)은 가축방역관 또는 수의사의 임상검사 및 출하 7일 이내의 항원검사에서 이상이 없는 경우 시장·군수·구청장의 도축장 출하 승인서를 받아 지정 도축장으로 출하할 수 있다.

2.1.1. 시·군·구청장은 일자별 출하 예정 농장 및 물량을 관할 시도에 통보하면, 시도에서는 지정 도축장의 처리능력을 감안하여 당일 처리할 수 있는 능력의 범위 내에서 일자별 출하 농장 및 물량을 시군에 통보한다.

2.1.2. 시·군·구청장은 해당 농장에게 도축장 출하 승인서를 발급한다.

- 시·군·구청장은 발생농장 및 관리지역 내에서 조류인플루엔자가 계속 확산될 경우 출하승인서 발급을 중지하여야 한다.

3. 도축검사

3.1. 관리지역에서 사육된 가축 여부를 판정하기 위하여 도축장 출하 승인서상의 사육 농장을 확인한다.(지정 도축장 출하 여부 확인)

3.2. 지정 도축장으로 출하되는 모든 개체에 대하여는 생체 및 해체검사 시 조류인플루엔자에 대한 임상증상 등을 철저히 검사한다.

3.3. 생체 및 해체검사 시 조류인플루엔자 의심증상을 발견한 검사관은 「조류인플루엔자 방역실시요령」 제24조를 준용하여 조치한다.

4. 이동제한지역 외의 도축장에서 도축 요령

4.1. 포유류 가축에서 조류인플루엔자 발생 시 전국 모든 도축장의 검사관은 도축장 출입구 또는 도축장 내 별도로 구획된 장소에서 임상검사를 실시하고 이상이 없는 경우 가축을 계류장에 입고시킨다.

4.2. 임상검사에서 이상이 있는 경우, 지체없이 해당 가축을 별도의 장소에 계류하고 시·도 가축방역기관에 보고한다.

4.3. 시·도 가축방역기관장은 관계 전문가에게 시료채취 후 지체없이 검역본부에 검사를 의뢰하고, 해당 사실을 시·도지사 및 농식품부장관, 검역본부장에게 보고한다.

4.4. 시·도 가축방역기관장은 관계전문가에게 시료채취 후 지체없이 검역본부에 검사를 의뢰하고, 해당 사실을 시·도지사 및 농식품부 장관, 검역본부장에게 보고한다.

4.5. 해당 가축의 관할 시·도지사에게 출하농장에 대하여 검사 결과 판정 시까지 이동제한 등 방역조치가 이루어질 수 있도록 통보한다.

4.6. 양성 판정 시 가장 가까운 장소를 선정하여 매몰 또는 소각, 열처리 등의 조치를 취한다.

17 사료 및 조사료 공급 요령

1. 관리지역 내 사료·깔짚 등에 대한 이동제한

1.1. 사료 · 깔짚 · 왕겨는 농장 밖으로 반출을 금지하되, 이동제한으로 사료의 사용이 어려워진 경우 가축방역관의 지도·감독 하에 폐기한다.

1.2. 관리지역 내 사료공장의 원료 · 사료는 이동제한 조치하고, 바이러스 검사 결과 양성이거나 가축방역심의회 협의 결과 폐기가 필요하다고 판단하는 경우에는 폐기

2. 사료 공급 세부 요령

2.1. 사료공급 차량 진입

- 사료공급에 필요한 적정수의 차량(벌크사료 운반차량, 지대사료 운반차량)을 지정하여 운영한다.
- 사료차량은 소 농장 방문 전 거점소독시설에서 소독한 후 소독필증을 발급받아 소 농장 방문 시 제출하고, 소 농장에서 다른 소 농장으로 가는 경우 농장에서 소독을 실시하고 소독확인증(별지 제10호 서식)을 발급받아 이동하여야 한다.(농장 간 이동 시 거점소독 미실시, 사료 차량은 자체 소독기 비치)

  * 농장 출발 전 소독시설(고압분무기 등)로 반드시 소독하고 소독확인증을 발급받아 방문대상 농장에 제출 → 해당 농장은 소독확인증을 확인하고, 자체 소독시설로 추가 세척·소독 실시

- 농장 내 고압분무기 등 소독시설이 없는 경우 거점소독시설에서 소독 후 출입하거나 시·군에서 별도의 소독차량을 고정배치하여 소독을 실시한다.

2.2. 사료공급 체계

- 지대사료는 농장 밖 일정장소에 하차하여 전달하되, 사료를 전달하는 일정장소는 사료공급을 전·후하여 소독을 실시한다.
- 벌크사료는 농장 밖에서 전달하며, 출입 전·후 차량의 내·외부 소독 등을 실시한다.(소독 여부는 농장주가 확인하고 소독실시기록부에 기록) 다만, 농장구조 등의 특성상 농장 내로 들어가야 하는 때에는 차량 운전자는 가급적 차량에서 하차하지 않도록 하고 하차할 경우에는 덧신, 방역복, 장갑, 모자, 고글 등 일회용 방역장비를 사용해야 하며, 농장관계자와의 신체적인 접촉(악수 등)을 금해야 한다.(운전자가 사용한 일회용 방역용품은 농장주 확인 아래 해당 농장에서 폐기)

2.3. 사료공급차량 지정

2.3.1. 사료업체는 업체 간 조정을 통해 발생지 관할 시장·군수에게 사료 지정차량을 신청한다.

2.3.2. 시장·군수는 이동제한지역 내 사료공급 차량에대해 지정서를 발급한다.

2.3.3. 이동제한지역 내 사료공급차량 운전자는 지정서를 반드시 휴대하여야 한다.

2.3.4. 사료공급차량과 운전자는 <참고1> 사료차량 방역 소독 관리 요령을 준수하여야 한다.

3. 관리지역 내 사료공장의 사료반출 요령 기본방향

3.1. 기본방향

3.1.1. 관리지역 내 사료는 관리지역 밖으로 반출 금지를 원칙으로 한다.

3.1.2. 다만, 사료공장 내의 사료는 축산농장에 대한 안정적인 공급을 위하여 시·도 가축방역관의 지도·감독하에 예외적으로 반출을 허용할 수 있다.

3.1.3. 시·도 가축방역관은 다음과 같은 경우에 사료공장 내의 사료에 대하여 관리지역 밖으로의 반출을 허용한다.

- 사료공장 내의 사료에 대한 조류인플루엔자 바이러스 검사 결과 이상이 없을 경우

3.2. 관리지역 안에 있는 사료의 반출 허용 요령

3.2.1. 관리지역 내 위치한 사료공장은 가축질병 발생 시·군 내 관리지역의 밖에 환적장을 설치 운영한다.

- 해당 사료공장은 전염병이 발생한 지역의 시장·군수에게 환적장 지정을 요청
- 환적장 설치장소는 가급적 전염병 발생 시·군 내로 하되, 현지 방역상황을 고려하여 효율적인 방역을 위해 필요한 경우 인접 시·군과 협의하여 설치 가능
- 환적장은 "참고 2. 사료공장, 환적장, 하치장에 대한 방역관리 사항"에 준하여 관리 • 운영

3.2.2. 사료공장과 환적장을 운행하는 전용 사료운반차량을 지정하여 운영하고, 농장공급 사료 운반차량은 환적장의 사료를 공급받도록 한다.

- 사료공장과 환적장을 운행하는 전용 사료운반차량은 <참고 1> 사료차량 방역실시요령에 준하여 관리·운영
- 전용 사료 운반차량은 사료공장과 환적장 운행 이외에 농장방문 등 다른 용도로의 사용 금지
- 환적장을 운행하는 사료차량은 시·군 및 방역지역별로 설치된 거점별 소독장소를 경유하여 운행

3.3. 시·군·구 조치 사항

3.3.1. 시·군·구는 사료공장이 요청하는 경우 현지 확인 후 소독설비, 보호지역 여부 및 현지 방역상황 등을 고려하여 환적장을 지정 및 관리한다.

3.3.2. 시·군·구는 사료관련 시설(공장, 하치장, 물류센타 등) 주변의 감수성 가축에 대하여 임상관찰 등 우선 방역을 실시한다.

<참고1> 사료차량 방역 소독 관리 요령

단 계	소독관리 요령	
공장 입차	차량	공장 입문 시 고압스팀 세차로 차량 바퀴 등에 부착된 각종 이물질을 제거하고, 출입구에 설치된 터널 소독기를 통과하면서 차량 전체를 충분히 소독한다.
	사람	대인소독기 내에서 개인 소독을 실시한다.
공장 출차	차량	차량에 비치된 휴대용 소독기 내 소독약의 충진상태를 점검한다.
	사람	1) 차량 내 비치된 비닐장화, 방역복, 마스크, 장갑 비치 상태를 확인한다. 2) 경비실에 비치되어 있는 "소독실시대장"에 소독 확인을 한다.
농장 도착	차량/사람	1) 농장 출입 전 비닐장갑, 마스크, 방역복, 비닐장화을 착용한다. 2) 차량에 비치된 휴대용 소독기로 개인소독 및 차량소독을 실시한다. 3) 농장에 설치된 소독설비를 통해 2차 소독을 실시한다.
농장 출문	차량/사람	1) 농장 출문 시 평상복으로 갈아입고 방역 지급용품 중 오염된 방역용품 및 1회용 방역용품은 지급된 비닐용기에 밀봉 처리한 후 농장 또는 지정된 구역에 폐기 처리한다. 2) 농장 출문시 개인용 소독기로 손, 의복, 신발 및 차량 내부를 소독하고 차량 외부는 농장에 비치된 소독기를 통해 소독을 실시한다.
준수사항 (복장 등)	기타	1) 지급된 방역용품은 깨끗한 상태로 유지하며, 오염 시 담당자로부터 즉시 재지급 받는다. 2) 농장 내에서 가급적 농장관리 인원과 접촉하지 않는다. 3) 방역지역별 차량 배치 요령에 따른다. - 관리지역(반경 500m) 내 사료공급 차량을 고정배치

(단, 창고이동 차량은 농장 출입이 없으므로 상기 농장도착/농장출문 절차에서 제외

<참고2> 조류인플루엔자 발생 시 사료공장, 환적장, 하치장에 대한 방역관리사항

방역관리사항

- 조류인플루엔자 등 가축전염병 발생에 대비하여 사료업체별(농협사료, 계열그룹사료 등)로 비상시 권역별(시도) 사료공급 계획을 수립한다.
- 사료공장 방역소독점검 전담자 배치
- 발생 시군구 및 인접 시군구지역 전용운반 차량 지정·운용
  - 해당 시군구에서 업체의 신청을 받아 지정하고, 동 지정 차량은 다른 지역으로 사료운반 금지
- 항만 사료원료 수송 진출입 차량 방역소독시설 설치 운영
  - 항만 진출입시 또는 사료곡물 싸이로 업체, 부원료 사료하역업체에 대한 항구내외에 소독시설 설치·소독실시(설치의무자 : 항만관리자 또는 싸이로 시설 관리자)
  - 시도지사는 항만 사료곡물 운반차량 방역소독시설을 점검하여 가동시키고, 관련업체 등에 협조 요청
- 1회 1농장운행을 원칙으로 하되 부득이한 경우 철저한 소독 후 운행
  - 차량별 운행하는 대상농장은 고정되도록 조치
- 시군 및 시도간 또는 방역지역간 이동시는 거점별 소독장소에서 소독을 실시하고 소독필증을 받아 휴대하여 이동
- 도내(인근광역시) 수송을 기본으로 사료공급(타 시도 진입 제한)
  - 시도 보호지역에 환적장을 지정·운영(시도 또는 사료업체) → 환적 받은 도(시군구)의 지정차량이 수요처에 공급(구제역 발생지역은 관리지역 환적장 → 관리지역 지정차량이 수요처에 공급)
  - 시도간 경계의 방역초소에서 지정된 차량만 소독후 시도를 넘어 사료운반
- 전국 사료하치장(환적장) 소독철저
  - 각 시도(시군구)는 관내 사료하치장(발생지역의 임시하치장 및 도간 이동 환적장 포함)에 대한 소독실시(수시)
- 지대사료의 경우 운반차량이 농장밖에서 하치하여 공급(발생 시군구)
- 축사내 사료통에 직접 사료를 투입하는 TMR차량 운행을 중지하고 지대사료 등으로 전환하여 공급(발생 시군구)
- 공장 인근지역 및 축산농장 방역 서비스 실시 여부 검토

18 관리지역 내 가축분뇨 처리 요령

1. 기본원칙

1.1. 농장주는 농장에서 보유한 가축분뇨처리시설 및 저장조 등을 최대한 활용하여 자체 처리한 후 보관 및 수시로 소독하고, 외부 반출은 최대한 억제한다.

1.2. 농장주는 이동제한 기간이 길어져 농장에서 보유한 처리·보관능력으로 분뇨처리가 불가한 경우에는 분뇨를 소독처리 한 후, 정밀검사(분뇨) 음성인 경우, 시장·군수의 확인을 받아 외부로 반출할 수 있다.

1.3. 시장·군수는 가축분뇨처리시설 및 저장조 등이 부족한 경우, 당해년도 가축분뇨 처리지원 사업비에서 우선 지원할 수 있다.

2. 이동제한지역 이내에서 가축분뇨처리

2.1 시장·군수·구청장은 발생농장에서 생산된 가축분뇨·고형분(糞)·액상뇨(尿)·제품(액비, 퇴비 : 포장 상태, 비포장 상태)은 농장주에게 동 지침의 "14. 발생농장의 청소·세척 및 소독요령"에 따라 소독을 실시한 후 이동제한 해제 시까지 농장에서 보관하도록 조치하여야 한다.

2.1.1. 발생 농장주는 2.1호에 따라 이동제한조치를 받은 경우 농장내 처리시설 및 보관 능력을 최대한 활용하여 이동제한 해제시까지 보관하여야 한다. 다만, 인플루엔자 발생 이전에 생산된 퇴비(완제품 : 포장상태)의 경우 관계 공무원의 지도·감독 하에 외부를 소독한 후 외부로 반출할 수 있다.

2.2. 시장·군수·구청장은 관리지역(500m이내)의 농장에서 생산되는 가축분뇨·고형분(糞)·액상뇨(尿)·제품(액비, 퇴비 : 포장상태, 비포장 상태)은 "14. 발생농장의 청소·세척 및 소독요령"에 따라 소독을 실시한 후 이동제한 해제 시까지 농장에서 보관하도록 조치하여야 한다.

2.2.1. 관리지역(500m이내)의 농장주는 농장 내 처리시설 및 보관능력을 최대한 활용하여 이동제한 해제 시까지 보관하여야 한다. 농장주는 농장 내 저장 공간이 부족하고, 농장 내 부지의 협소 등으로 저장조 설치 공간의 확보가 어렵다고 판단되는 경우에는 시장·군수에게 농장 외부로 반출을 허용해줄 것을 요청할 수 있다.

2.2.2 이 경우 시장·군수는 해당 농장의 처리 및 보관능력을 최종 확인한 후 외부 반출이 불가피하다고 판단되는 경우, 농장주로 하여금 "14. 발생농장의

청소·세척 및 소독요령"에 준하여 소독을 실시토록 하고, 관리지역(500m)의 공동자원화시설·공공처리장 등을 지정하여 반출을 허용할 수 있다.

- 다만, 관리지역 내 공동자원화시설 및 공공처리장이 없는 경우 민간퇴비장 등을 지정하여 처리하고, 민간퇴비장 등 대규모 처리시설도 없는 경우 대규모 공동저장조(이동식 포함)를 설치하거나 관리지역 밖의 공동처리시설 등을 활용할 수 있다.

2.2.3 가축분뇨를 정화 처리하여 방류하는 경우 「가축분뇨의 관리 및 이용에 관한 법률」 제13조 제1항에 따른 방류수수질기준에 적합하여야 한다.

2.2.4, 농장주가 이동제한 기간 중에 농장 밖으로 가축분뇨 또는 퇴비, 액비를 이동하고자 하는 경우 관계관(공무원)의 지도·감독을 받아야 하고, 시장·군수·구청장 및 농장주는 반출처를 3년 이상 기록·관리하여야 하고, 운반차량 및 운전사 등에 대하여 철저한 소독을 실시하도록 조치하여야 한다.

2.2.5. 이동제한 해제 시 가축분뇨 또는 퇴비·액비에 대하여 농장 밖 반출을 허용하고 운반차량이 농장에 출입시마다 소독을 철저히 하도록 하여야 한다.

2.2.6. 이동제한이 해제된 경우 완전히 부숙된 퇴비·액비는 관리지역 또는 보호지역 내 농경지에 살포할 수 있다.

3. 가축분뇨 운반차량·장비 등의 관리

3.1. 가축분뇨 운반차량, 살포장비 등에 대한 소독을 철저히 하여야 한다.

3.2. 시장·군수는 이동제한지역(관리지역)에 위치한 공공처리시설, 공동 자원화시설 등에는 이동제한지역 밖의 농장으로부터 가축분뇨의 반입을 제한할 수 있다.

- 다만 관리지역 밖에 공동자원화시설 등이 없거나 처리용량이 부족하여 가축분뇨를 불가피하게 관리지역 내 처리장으로 반입하여 처리할 경우에는 농장주 등은 시·군에 신고하여야 하며, 농장주는 가축분뇨 등의 반출처를 1년 이상 기록·관리하여야 한다.

3.3. 이동제한기간 동안에는 가축분뇨의 이동, 처리시설의 가동, 운반 등을 최소화하여야 한다.

4. 기타 가축분뇨 등에 대한 소독방법은 "14. 발생농장의 청소·세척 및 소독요령"적용대상에 따른 소독방법"을 준수한다.

19 원유 처리 요령

1. 발생농장에서 생산되는 원유

1.1. 발생농장에서 생산되는 원유는 이동제한 기간 동안 전량 폐기한다.

1.1.1. 원유폐기는 소독제 투입 1시간 경과 후 매몰, 이동식·고정식 랜더링 열처리 등의 방법으로 처리한다.

1.1.3. 시·도지사는 발생농장에서 폐기할 수 없거나 타 지역의 폐수처리장을 통해 처리하는 경우 가축방역관의 감독 하에 이동식·고정식 랜더링 업체 또는 폐수처리장에서 처리할 수 있다.

1.1.4. 발생농장 원유의 폐기에 사용되는 차량, 장비 등은 사용 전·후에 철저하게 소독 처리한다.

1.1.5. 이동제한 기간 동안 동거축에 의해 생산되는 원유는 지정차량 등을 통해 FRP 통에 일정기간 모았다가 주기적으로 폐기할 수 있으며, 이 때 사용되는 차량은 관리지역 발생농장 이외의 농장에는 출입할 수 없다.

1.1.6. 발생농가의 원유에는 조류인플루엔자 바이러스가 있을 수 있으므로, 폐기처리 작업 전·후 관련 장비, 주변에 대한 소독을 철저히 하고, 작업자들도 보안경, 마스크, 장갑, 덧신, 방역복 등 대인보호장비를 철저히 착용하여야 한다.

2. 관리지역에서 생산되는 원유

2.1. 발생농장 외 관리지역의 원유는 관리지역 지정 집유차량을 통해 집유한다.

2.1.1. 관리지역산 원유는 고온단시간살균법(72~75℃에서 15~20초)으로 2회 이상 연속 처리하거나 초고온순간처리법(132℃에서 1초 이상) 또는 이와 동등 이상의 효력을 가지는 열처리 방법으로 처리한 후 사용이 가능하다.

2.1.2. 관리지역 지정 집유차량으로 관리지역 내 농장의 원유만 집유하고, 거점소독을 실시한 후 집유장 또는 유가공장으로 납유한다.

2.1.3. 집유차량은 반드시 거점별 소독장소를 경유하여 소독 후 진출·입하여야 하고, 집유차량 기사는 농장 출입 등 집유 관련 업무 수행 시 보안경, 마스크, 장갑, 덧신, 방역복 등 대인보호장비를 착용하여야 한다.

2.1.4. 관리지역을 집유한 지정 집유차량은 농장별 출입 전·후에 철저히 소독한다.

3. 집유차량

3.1. 집유차량의 탱크 및 공기제거기 배기구는 0.2㎛ 필터 또는 소독약이 적셔진 천으로 막아야 한다.

3.2. 집유차량은 차체 전표면을 소독한다.

3.3. 집유차량의 탱크로리 내부에 대해 매일 CIP를 실시한다.

3.4. 집유차량의 운전자는 개별농장 방문 시 보안경, 마스크, 장갑, 덧신, 방역복 등 대인보호장비를 착용하고 집유 전·후에 손 및 신발 등에 소독을 실시한다.(휴대용 소독기 이용)

3.5. 낙농장 간 이동시 전염병 확산 방지를 위하여 농장 출입구에서 차량 소독 실시 후 출입한다.

3.6. 젖소농장 방문 전 거점소독시설에서 소독을 실시한 후 소독필증(별지 제5호 서식)을 발급받아 젖소농장 방문 시 제출하고, 젖소농장에서 다른 젖소농장으로 갈 경우 출발하는 농장에서 소독 실시 및 소독 확인증(별지 제6호 서식)을 발급받아 이동하여야 한다.(거점소독 미실시, 원유차량은 차량 내 자체소독기 비치)

* 농장 출발 전 소독시설(고압분무기 등)로 반드시 소독하고 소독확인증을 발급받아 방문 대상 농장에 제출 → 해당 방문 농장은 소독확인증을 확인하고, 자체 소독시설로 추가 세척·소독 실시

3.7. 집유업체는 자체 책임수의사의 관리하에 소독 전담관을 지정하여 매일 매회 집유차량의 진입 전·후 세척·소독 등을 점검·관리한다.

3.8. 원유 운송차량은 농장에서 집유장이나 사료 업체로 이동할 경우 거점소독시설에서 소독을 실시하고, 농장은 집유차량 등이 농장을 출입 시 철저히 소독한다.

4. 집유 및 원유처리도

단계	내용
목장 출입	ㅇ 유업체에서 농장별로 휴대용 인체 소독약과 분무용 소독약을 공급, 농장주는 집유시마다 사람 및 시설 소독 실시 ㅇ 목장 입구부터 원유 취급실까지 진입 경로에 대한 소독 철저 ㅇ 집유차량 기사는 목장 진입 전·후에 차량 전표면 소독
▼	
목장 집유	ㅇ 관리지역 내 농장 전용 집유차량을 고정배차하여 운영 ㅇ 차량 기사는 집유 전 보안경(고글)·방역복·마스크·장갑·덧신 등 개인보호구 착용 및 전신소독 ㅇ 집유완료 후 일회용 장갑·방역복·덧신 등은 소독·폐기 ㅇ 가급적 축사 밖에서 집유호스를 이용하여 집유 실시 ㅇ 집유호스는 집유 전·후에 소독을 실시하고 바닥 접촉이 없도록 조치 ㅇ 집유차량의 배기구멍은 0.2㎛ 필터 또는 소독약이 적셔진 천으로 차단
▼	
원유 인계	ㅇ 집유차량은 차량 전체 소독 실시 ㅇ 집유차량 기사는 전신 소독 실시 ㅇ 차량의 뚜껑은 절대 개폐하지 않고 차량간 배관을 연결하여 원유 인계
▼	
원유 이송	ㅇ 자체검사원을 배치하여 원유검사 및 소독 감독 ㅇ 이송차량의 배기구멍은 0.2㎛필터 또는 소독약이 적셔진 천으로 차단 ㅇ 이송완료 후 탱크 및 라인내부 CIP 처리(온수 65℃ 이상 및 세척액으로 세척·소독처리)
▼	
원유 가공	ㅇ 고온단시간살균법(72~75℃에서 15~20초)으로 연속 2회 또는 초고온순간처리법(132℃ 이상에서 1초 이상)으로 살균처리 ㅇ 제품생산 후 철저한 품질검사 실시

20 이동제한 해제 요령

1. 기본원칙

1.1. 마지막 발생농장에 대한 이동제한 기간(소·염소 30일)의 경과 후, 방역지역 내 사육농가의 전 두수 임상증상이 없고 사육가축에 대한 정밀검사 및 환경검사 음성 확인 시 이동제한을 해제한다.

* 시료채취 기준은 별표3의 시료채취 요령 참조

2. 방역지역 내 농장에서 고병원성조류인플루엔자 추가 발생 시 조치

2.1. 시장·군수는 방역지역(관리지역 500m) 안에서 추가로 발생하는 경우 기존 방역지역 내 발생축종 사육농장의 사육형태 등을 감안하여 시·도와 협의 및 방역지역 재설정 여부를 정할 수 있다.

2.1.1. 방역지역이 중복되어 있는 경우 이동제한 해제는 마지막 발생한 날을 기준으로 이동제한 기간을 설정하여 해당 방역지역의 이동제한 해제 절차를 따른다.

3. 종식

3.1. 농림축산식품부장관은 모든 방역지역에서 이동제한 등 방역조치가 해제된 경우 포유동물 고병원성조류인플루엔자 상황이 종식된 것으로 보고 위기경보를 관심 단계로 하향 조정하고, 관계부처·지자체 등에 상황을 전파한다.

21 저병원성 조류인플루엔자 등의 방역조치

1. 기본원칙

1.1. H5/H7형 저병원성 조류인플루엔자 바이러스는 고병원성으로 변이될 가능성이 있으므로 아래의 경우 고병원성 조류인플루엔자 검출에 준하는 방역조치를 취할 수 있다.

1.1.1. 분리된 바이러스가 실험실 검사결과 병원성이 높을 가능성이 있거나, 국내에서 처음 분리된 유전형인 경우 또는 인체에 감염 위험성이 있는 유전형인 경우

1.1.2. H5/H7형 항원 또는 항체가 확인된 농장은 고병원성조류인플루엔자에 준하는 방역조치를 시행할 수 있으며, 역학조사를 통해 사람·차량의 이동사항을 파악하여 역학 관련 농장 및 축산시설에 대한 소독 및 예찰·검사를 실시한다.

1.2. H9형 등 H5/H7형이 아닌 저병원성 조류인플루엔자 바이러스 검출 시 AI 검사 결과 '음성' 시까지 해당 농장에 대해 이동제한 및 소독 등 방역조치를 실시한다.

2. H5·H7형의 저병원성 조류인플루엔자 바이러스가 검출된 경우

2.1. 이동제한 지역 설정

- 발생농장 및 발생농장과 울타리나 구획이 없는 인접농장에 한함

2.2. 이동제한 대상

- 이동제한 농가에서 사육하는 가축 및 그 생산물(젖소의 경우 원유 포함)

2.3. 살처분 및 폐기대상

- 항원이 검출된 돼지와 그 생산물 및 기타 오염물건
- 발생농장과 역학 관련 농장 중 정밀검사 결과 항원 양성으로 판정된 돼지와 그 생산물 및 기타 오염물건

* 소, 염소의 경우 임상증상 및 위험도 평가에 의해 살처분·폐기 여부를 결정

3. H5·H7형 조류인플루엔자 항체가 검출된 경우

3.1. H5/H7형 항체양성 농장은 HI 검사법에 의해 양성 판정 농장을 말하며, 시·도 가축방역기관에서 확인된 경우에는 검역본부에서 정밀검사를 받아야 한다.

3.1.1. 검역본부장은 비특이 반응에 의한 양성 여부를 확인하기 위해 필요하다고 판단되는 경우 시·도 가축방역기관에게 동거축 및 환경에 대한 시료를 추가 채취하여 검사를 의뢰하도록 하여 재검사를 실시한다.

3.1.2. 정밀검사 결과 '음성' 확인 시까지 해당 농장에 대해 이동제한 및 소독 등 방역조치를 실시한다.

◈ **H5 또는 H7 항체 양성시 처리 기준**

▸ 최초 양성 확인일 기준 2주 이상 경과 후 동거축에 대한 시료를 채취하여 재검사 의뢰

(판정기준) 아래 사항을 고려, 비특이 반응에 의한 항체 음성 여부를 최종 판정

① 재검사 결과 항체검출 개체수와 역가가 증가하지 않을 것
② H5 항체가 검출된 시료에서 저병원성 H9 항체 등 다른 혈청아형의 항체가 검출될 것
③ 고열, 식욕부진, 산유량 감소(젖소) 등 조류인플루엔자의 임상증상이 없을 것
④ 해당 농가가 역학 관련 농가가 아닐 것
⑤ 항원이 검출되지 않을 것

3.2. 검역본부장 또는 시·도는 H5/H7형 항체가 확인된 농장에 대한 역학조사를 실시하여 사람·차량의 이동사항을 파악, 역학 관련 농장 및 축산시설에 대한 소독 및 예찰·검사를 실시한다.

3.2.1. 방역조치 대상 역학 관련 농장·시설을 선별 시에는 시·도 가축방역기관에서 항체 형성 시점으로 확인된 기간을 산입하여 역학 관련 대상을 선정할 수 있다.

4. H9형 저병원성 조류인플루엔자(H5/H7형 제외) 바이러스가 검출된 경우

4.1. 해당 농장은 시료채취일로부터 14일간 이동제한하며, 시료채취일로부터 14일 내 방문한 축산차량 및 역학 관련 농장에 대해 추적조사 및 소독조치를 실시한다.

4.1.1 이동제한 해제를 위해 시료채취일로부터 14일 경과 후 시료 채취 및 AI 정밀검사를 실시하고, 검사 결과 음성일 경우 이동제한 해제가 가능하다.

4.1.2 저병원성 조류인플루엔자 발생농장은 이동제한 해제 시까지 도축장 출하 외 다른 목적으로의 출하 및 입식을 허용하지 않는다.

22 야생 포유동물에서 고병원성 조류인플루엔자 항원 검출 시 조치사항

1. 주요 방역조치

1.1. 사육가축이 야생조수류 등과의 접촉을 차단한다.

1.1.1. 농장 내 야생 고양이 등 외부 출입이 잦은 동물의 축사 출입을 차단하도록 농장 울타리, 차량 진입 차단 시설, 야생조수류 차단망 설치·보완

1.1.2. 야생조수류의 유인 차단을 위해 사료빈, 퇴비장 등을 청결하게 관리하고 구서·구충 작업 실시

1.2. 야생동물에서 항원이 검출된 지점을 중심으로 반경 500m 이내는 관리지역으로 설정하고 야생동물 시료채취일로부터 21일간 유지한다.

1.2.1. 해당 검출지점 및 인근 지역에 대한 통제와 소독 등 강화된 방역조치를 실시한다.

1.2.2. 시·군·구는 해당지역의 축산업 형태, 지형적 여건, 야생동물 서식실태, 계절적 요인 또는 역학적 특성 등 위험도를 감안하여 관리지역의 범위를 시·도지사 소속 지방 가축방역심의회 위원, 시·도 관계관, 시·군 관계관 및 검역본부 담당관과 협의를 거쳐 확대할 수 있다.

1.3. 지자체는 관내 포유동물 사육농장 및 축산 관계 시설 등을 대상으로 검출 상황 및 정밀검사 결과 등을 신속히 알리고 강화된 방역조치를 시행함과 더불어 현장 이행상황을 지속 점검*하여 미비점을 보완하도록 한다.

* 체계적인 점검 실적 관리를 위해 점검 결과는 국가동물방역통합시스템(KAHIS)에 입력

1.4. 가축 사육농장 및 축산 관계 시설 종사자는 농장의 방역시설과 소독시설을 정비하고, 농장 내 사람과 차량의 출입을 엄격히 통제한다.

1.5. 관리지역 내의 포유동물 사육농가에 대하여 예찰·검사를 실시한다.

1.5.1. 검사시료는 방역본부, 시·군 역관(공수의 포함) 가용인력을 총동원하여 채취하고 관할 시험소에서 검사한다.

[별표1]

초기검진 시 긴급방역용 용구

구분	수량	비고
비누, 손세정제, 손소독제, 알콜 스프레이, 하자드백	각 1개	
종이타올	1봉지	
브러쉬(큰솔, 작은솔)	각1개	
소독약	2리터	
소독조(40㎝×30㎝)	1개	
물통(20리터)	1개	
비닐백(지퍼형)	3개	
체온측정기	2개	
1회용 주사기 5㎖(19G)	6개	
회중전등 및 예비배터리	각 2개	
표식용 스프레이(황색, 적색)	각 1개	
일반 검진용 도구 및 가방	1조	
방수모자, 외투 및 바지	2조	
보호복	2벌	Level D급(바이러스 불침투)
고무장화	2짝	
겉장갑	2짝	미국은 1회용 니트릴(Nitrile)장갑 권장
속장갑	2짝	라텍스 재질
보안경	2개	안전고글
마스크	2개	KF94/N95 등 * 밸브가 부착된 마스크는 장시간 작업에 용이
조류인플루엔자긴급행동지침	1부	
포유동물 AI 긴급행동지침	1부	
별지 제1호 서식 - 의심축 발생신고서	2부	
별지 제2호서식 - 현지조사표	2부	
출입금지 표지판	1개	
이동전화	2개	
메모장	2권	
책받침	1개	
나침반	1개	
유성펜	3개	

[별표2]

검사 시료채취 준비물

집 행 용 구	수 량
프라스틱 백(90 x 90cm), 냉장용 아이스팩 포함	6개
프라스틱 백(50 x 25cm)	6개
고무장화	
고무장갑	
1회용 장갑 (라텍스 장갑)	
보호복(Level D급)	
보호용 마스크(안면 전면 또는 N95 또는 KF94)	
보호용 안경(고글)	
체온계	1개
멸균 목재 압저 (tongue depressor)	축사별 5개
1회용 주사기 20ml	20개
1회용 주사기 5ml	20개
비즙채취용 키트(Clinical virus Transport Medium)	20개
50 ml 코니칼 튜브(바이러스 수송배지 포함)	축사별 10개
아이스박스(혹은 스티로폼 박스)	2개 이상
네임펜	3개
[별지 제3호서식] 시료채취내역서 사본	1부
박스테이프	1개
냉장박스	1개
원유 채집통(50CC)	10개
알콜 스프레이, 알콜솜, 종이타올	각 1개

* 준비 항목은 필요시 추가(생략) 가능하며, 각 항목별 적정 수량도 출장인원, 검사여건 등에 따라 달라질 수 있음

[별표3]

의심축 및 의사환축 발생농장 시료채취, 송부 및 진단 요령

1. 시·도 가축방역기관 시료채취반 준비 및 주의사항

1.1 시료채취반은 가축방역관이나 진단요원 등 2인 이상을 1조로 한다.

1.2 사육현황 등 농장정보를 사전에 확인 후 별표 2의 검사 시료채취 준비물과 소독 장비를 갖추어 현장으로 출발한다.

1.3 차량은 의심장소 밖에 주차하고 현장으로 들어가기 전 개인보호구(보호복, 마스크, 고글, 장갑과 장화)를 착용한 후 시료채취도구 등을 가지고 농장으로 진입한다.

1.4 농장에서 복귀할 때에는 개인보호장구를 소독하고 탈의 후 폐기하고, 신발 바닥 및 차량 바닥, 바퀴 등을 소독한다.

2. 의심장소 내에서의 임상관찰 및 기초 조사

2.1 별지 제2호서식의 현지조사표에 의한 현장 조사를 실시하며 축주나 관리인을 통해 사육정보와 신고 경위 등을 파악한다.

2.2 임상관찰은 건강한 개체 또는 축군부터 시작하여 점차 발생 의심동물로 진행한다.

2.3 관찰 중 의심되는 임상소견이 발견되는 경우에는 임상증상을 보이는 개체 또는 축군을 포함하여 축종, 축사, 일령 등을 고려하여 시료채취를 실시한다.

2.4 의심되는 질병에 대하여 축주에게 설명하고, 방역조치를 취하여 병원체의 확산을 방지할 수 있도록 협조를 구한다.

3. 시료채취 및 송부

3.1 필요한 경우 적절한 장소에서 "가축질병 병성감정실시요령(검역본부 고시)"에 따라 사체가 있는 경우 사체에 대한 부검을 실시할 수 있다. 이 경우 부검 및 가검물 채취 후 남은 사체는 소각 또는 매몰 등 가축방역상 안전한 방법으로 처리하도록 하고 주변 환경을 철저히 소독한다.

3.2. 정밀진단을 위한 시료채취 요령

3.2.1. 병리해부검사를 위하여 폐사 발생 시 폐사축을 확보한다. 다만, 폐사축이 없을 경우에는 확연한 임상증상을 보이거나 침울한 증상을 보이는 개체를 대상으로 한다.

3.2.2. 혈청검사를 위해 임상증상을 보이는 개체 당 혈액 7ml 이상 채혈한다. 혈청 송부용 1회용주사기는 혈청분리용기에 전혈을 옮겨 담아 상온에서 응고 후 냉장 보관한다.

3.2.3. 채혈한 동일개체 비강 swab을 각각 채취한다.(젖소 착유우의 경우 4개 분방

모두에서 각각 유즙 7ml 이상씩 채취한 후 pooling함)

3.2.3.1. 착유 젖소는 유즙을, 수컷 등 비착유 젖소, 육우, 염소는 개체별 비강 swab

3.2.3.2. 젖소 유즙은 개체별 4개 분방에서 모두 시료채취 및 poolling 하여 검사

3.2.4. 검사 결과, 고병원성 AI 발생으로 확인되는 경우 검사하지 않은 동거축 전 두수에 대한 시료채취 및 정밀검사 실시(혈청검사는 필요시 전체 또는 일부 검사)

3.3. 타 축종(돼지·염소·개·고양이)에 대한 시료채취 요령

3.3.1 관리지역 내 돼지에 대한 시료채취 방법은 다음과 같다.

- 육성사 및 비육사로 구분하여 비강 swab 및 혈액 각 20점 이상씩 채취한다.
- 사육단계별 돈사가 다수일 경우 돈사당 균등 할당하여 채취한다.

3.3.2 돼지농장 발생 시 동거축에 대한 7일 간격 검사시 사육단계별 시료채취 수

사육규모	모돈	30일령	60일령	90일령	120일령	출하일령	계
200두미만	6	6	6	6	6	8	**38**
200~399두	7	7	7	7	7	11	**46**
400~499두	8	8	8	8	8	12	**52**
500두~2000두미만	9	9	9	9	9	11	**56**
2000두 이상	10	10	10	10	10	10	**60**

3.3.3 발생농장 및 그 외 역학관련으로 개에 대한 시료를 채취하여야 할 경우 시료채취 방법은 다음과 같다.

- 비강 swab 및 혈액을 케이지당 1~2두씩 채취하되 농장 당 20두 이상 채혈한다. (20두 미만일 경우 전 두수)

3.3.4 염소농장의 경우 농장당 20두 이상에서 비강 swab 및 혈액을 채취한다.

< 종별 시료채취표>

축종	채취시료	부검시료(폐사시)
소(젖소)	원유, 혈액(혈청)	유선조직, 폐, 기관, 림프절
소(육우)	비즙, 혈액(혈청)	기관, 폐, 림프절, 뇌(염소, 개, 고양이)
돼지		
염소		
개·고양이		

3.5 시료 포장 방법

3.5.1 시료를 용기에 담은 후 뚜껑을 단단히 밀봉한 후 시료용기 외부에 시료번호 또는 시료명 등을 지워지지 않도록 기재하고 포장용기에 담는다.

3.5.2 포장용기 내에 시료와 직접 닿지 않도록 아이스팩을 넣어 냉장상태를 유지하고 (시료를 얼리지 말 것), 시료용기를 고정시키기 위하여 빈 공간을 솜 등으로 채운 후 포장용기의 뚜껑을 닫고 외부를 소독한다.

3.5.3 채취한 시료에 대한 추적이 가능하도록 별지 제3호서식의 시료채취내역서를 정확히 기록하여 시료와 함께 동봉한다.

3.5.4 폐사체 시료는 다른 종류의 시료와 구분하여 별도 포장용기에 이중으로 포장하고 아이스팩을 충분히 넣어 포장용기 외면에 폐사체 시료를 표시한다.

3.6 시료의 송부

3.6.1 시료는 가장 빠른 시간 내에 관할 동물위생시험소(시·도 가축방역기관)로 송부하여 진단될 수 있도록 수송한다.

3.6.2 동물위생시험소에서의 1차 검사 결과, AI로 판정(AI정밀진단기관의 경우, H5/H7/H9 여부까지 판정)되어 최종 확인검사를 위해 검역본부로 시료를 송부할 경우, 가축방역관 또는 관계관(안전수송에 대한 교육을 실시할 것)이 직접 인편으로 시료를 수송한다. 필요시 국토교통부·경찰청의 협조를 얻어 최우선적으로 수행토록 한다.

3.6.3 차량을 이용하여 직접 수송하는 경우를 제외하고는 발생장소를 벗어난 후 포장용기를 별도의 운송상자에 담아 포장용기가 운송 중 파손되지 않도록 유의하고 파손 시에는 주위가 오염되지 않도록 적절한 예방조치를 취한다.

3.6.4 포장용기 또는 운송상자 외부에는 위험물품임을 쉽게 알아볼 수 있도록 표시하여야 한다.

3.6.5 수송 직전에 검역본부(바이러스질병과 및 방역감시과)에 가검물의 내용·수량, 수송경로, 출발시간, 도착예정시간 등 필요한 사항을 미리 알려야 한다.

3.6.6 해당 시·도 가축방역기관은 부검소견 주요 진단결과를 검역본부(바이러스질병과 및 방역감시과)와 신속히 공유한다.

4. 시료채취반의 철수

4.1 발생장소에서 철수할 때는 개인보호장구를 소독하고 탈의 후 밀봉하여 별도 폐기 한다.

4.2 신발바닥과 차량의 바퀴, 외부 및 내부바닥을 깨끗이 세척·소독한 후 발생장소를 떠난다.

4.3 현장에서 활동하였던 관계자는 고병원성조류인플루엔자로 의심되는 경우 최소 7일 동안 감수성 동물과 접촉하여서는 아니 된다.

5. 조류인플루엔자의 진단

5.1 의사환축에 대한 진단은 검역본부 바이러스질병과에서 바이러스 검사(유전자 검출, 혈청아형 동정, 병원성 여부 확인 등)·바이러스 분리·혈청검사 등을 실험실 내(모든 검사 수행은 준 차폐시설 이상) 검사절차에 따라 수행하며, 필요시 조류인플루엔자연구진단과에서 협조할 수 있다. 또한, 검역본부장으로부터 조류인플루엔자 정밀진단기관으로 지정받은 시·도의 경우는 의사환축 발생 농장에 대해서도 해부검사, 바이러스 및 항체 검사를 통해 H5/H7형 여부를 판정 후 그 결과에 따라서 검역본부장에게 정밀검사(확인검사)를 의뢰한다. 필요시 H9형 여부에 대한 감별진단도 실시하여야 한다.

5.1.1 시·도 가축방역기관은 조류인플루엔자 예찰 검사계획에 따른 검사(항원, 항체)를 수행한 결과 H5/H7형 양성인 경우, 해당 농장에 대해서는 의사환축 발생에 준하는 방역조치를 하고, 검역본부장에게 정밀검사를 의뢰하여야 한다.

5.1.2 의사환축 또는 H5/H7형 양성 농장에 대해서는, 해당 시도 가축방역기관에서 축사별 시료에 대한 정밀검사(항원·항체)를 수행한 후 검역본부에 결과를 통보하고 필요시 확인검사를 요청한다.

5.1.3 고병원성조류인플루엔자 발생기간 중 적용대상 동물에 대한 일상적인 병성 감정은 관할 시·도 가축방역기관에서 수행한다.

5.1.4 검역본부장은 조류인플루엔자 정밀검사 업무 수행을 위해 지정된 조류인플루엔자 정밀진단기관에 대하여 포유동물에 대한 검사의 정도관리를 정기적으로 수행한다.

5.2 검사 시료가 담겨 수송된 포장용기 또는 운송상자는 밀봉한 채로 지정된 실험실 내로 운반되어야 하며, 실험실 내에서 개봉하여 진단 업무를 수행해야 한다.

5.3 필요 시 의사환축 해부검사를 실시하는 경우 검체별로 각각 장기별 시료를 채취하며, 최대 5마리에서 동일한 방법으로 시료를 채취한다.

5.3.1 해부검사 시 채취대상 시료

- 바이러스 분리를 위하여 기관지, 폐, 림프절(젖소 : 유선조직, 염소, 고양이, 개 : 뇌) 등을 무균적으로 채취한다. 채취한 시료를 이용하여 SPF 종란내 접종, 유전자진단(Real-time RT-PCR, RT-PCR)의 재료로 사용한다.
- 병리조직검사용 재료로 뇌, 기관, 폐장, 간, 췌장, 심장, 신장 등을 추가 채취할 수 있다.
- 응고된 혈액으로부터 혈청을 분리하여 c-ELISA 검사 후 양성혈청에 대해 혈구응집억제반응으로 조류인플루엔자 바이러스에 대한 항체 유무를 검사한다.
- 실험실에서는 시료접수와 함께 지체없이 진단실험을 실시하여야 하며, 진단 결과는 즉시 보고한다.

5.4 의사환축 정밀진단 시 AI 정밀진단 매뉴얼 등에 따라 유전자검사법, 항체검사법 등의 정밀검사법을 적용하여 실시한다.

[별표4]

역학조사 관련농장 등의 방역조치

1. 발생농장에 가축을 공급한 농장 등

가. 소, 돼지, 염소 농장(개,고양이 보호소 등) : 발생일 기준 과거 21일 내에 가축(반려동물)을 공급한 경우에 마지막 공급일부터 14일 이상 이동제한 조치를 하고, 사육중인 해당 축종 가축에 대하여 임상검사를 실시하며 이상증상 발견시 정밀검사 실시

2. 발생농장에서 공급받은 가축(반려동물)을 사육하는 농장 등

가. 소,돼지,염소 농장(개,고양이 보호소 등)

1) 발생일 기준 과거 21일내에 발생농장에서 공급받은 가축이 있는 경우에는 사육중인 감수성 가축에 대하여 마지막 공급일로부터 14일 이상 이동제한 조치하고,

2) 사육중인 감수성 가축에 대하여 정밀검사(항원, 항체)를 실시하여 감염의 우려가 없을 경우 이동제한 해제

* 이동제한 기간 중 조류인플루엔자 임상증상이 나타나는 경우 정밀검사 실시

3. 발생농장 환축과 접촉한 사람(소유자등 · 진료수의사 · 인공수정사 · 가축운반차량 운전자 등)이 방문하였거나 발생농장을 출입하였던 차량이 출입한 농장 등

가. 발생일 기준 과거 14일내에 발생농장을 방문·출입한 이후 방문·출입한 다른 농장 등의 가축(반려동물)에 대하여 마지막으로 방문·출입한 날부터 14일 이상 이동제한 조치

나. 이동제한 기간 경과 후 사육중인 감수성 가축(반려동물)에 대하여 임상검사를 실시하고 이상증상 발견 시 정밀검사 실시, 감염의 우려가 없을 경우 이동제한 해제

* 이동제한 기간 중 조류인플루엔자 임상증상[발열, 호흡기 증상, 원유(젖소) 생산량 감소 및 이상유 분비, 신경증상(고양이) 등 평소와 다른 증상]이 나타나는 경우 정밀검사 실시

4. 발생농장에서 가축 등을 출하한 도축장 등

가. 발생일 기준 과거 7일 내에 출하된 가축이 도축장에 계류되어 있는 경우 해당 계류가축 임상검사 및 필요시 정밀검사

나. 발생일 기준 과거 14일 내에 출하가축을 도축한 도축장을 출입한 차량 또는 사람이 방문한 다른 농장에 대하여는 차량 또는 사람이 마지막 출입 또는 방문한 날부터 14일 이상 이동제한 조치를 하고, 기간 경과 후 사육중인 감수성 가축에 대하여 임상검사, 필요시 항원검사 및 혈청검사를 실시하여 감염의 우려가 없을 경우 이동제한 해제

다. 발생일 기준 과거 7일 내 발생농장에서 출하된 가축을 도축하여(동일한 날짜에 도축된 다른 농장의 도축물량 중 오염의 우려가 있을 경우 포함) 보관·유통중인 물량을 파악하여 소각·매몰하고 소독 조치

라. 발생일 기준 과거 14일 이내에 출하가축을 도축한 도축장을 방문한 사람 및 차량에 대하여는 방문 당시의 의복·신발, 차량 등에 대한 세척·소독 및 건조 후 사용(운행)토록 조치. 다만, 차량의 경우에는 차량의 바퀴 및 운전석 발판 등에 대한 환경검사 결과 이상이 없는 경우 운행토록 조치

5. 발생농장에서 생산된 원유(젖소) 등

가. 농장에 집유된 원유는 소독 후 폐기

6. 발생일 기준 과거 14일 이내에 발생농장의 환축과 접촉하였거나 접촉한 것으로 의심되는 사람 및 차량(예: 가축운반 차량, 상하차인원, 집유차기사, 진료수의사, 농장종사자 등과 이용된 차량)은 마지막 접촉일로부터 7일간 이동제한하고, 접촉 당시 의복·신발, 차량 등에 대한 세척·소독 및 건조(차량의 경우 차량의 바퀴 및 운전석 발판 등에 대한 환경검사 실시) 후 운행토록 조치

- 접촉 후 기침, 인후통, 근육통 등의 인플루엔자 유사증상이나 결막충혈, 결막염, 안구통증, 안구불편감 등의 안구증상 중 하나라도 발생시 관할 보건소로 연락

7. 발생농장에서 반출된 분변을 처리한 업체

가. 발생일 기준으로 과거 21일 이내에 발생농장으로부터 공급받은 분변이 있는 경우 분뇨처리업체 내 분변 등(생산된 퇴비 등 조류인플루엔자 전파 위험이 있는 모든 것 포함)은 이동제한하고 생석회를 도포하거나 소독약을 살포한 후 비닐 등으로 덮어 발효 처리하여 반입된 날로부터 30일이 경과한 후 병원체 오염여부 검사결과 이상이 없는 경우 이동제한 해제.

나. 다만, 21일 이전에 공급받은 분변으로부터 생산된 퇴비가 완제품으로 포장되어 다른 분변과 차단된 경우 소독 등 방역조치 후 반출 가능.(21일 이전에 공급받았으나 완제품으로 포장된 경우가 아닌 분변은 이동제한 하되 21일 이내 공급받은 분변의 이동제한이 해제되는 때 같이 이동제한 해제)

8. 발생일 기준 과거 14일 이내에 발생농장의 환축과 접촉하였거나 접촉한 것으로 의심되는 사람 및 차량이 출입한 시설(사료공장·사료하치장·동물병원 등)에 대하여 세척·소독 및 건조 조치하고, 해당 시설 및 차량에 대한 환경검사 결과 이상이 없는 경우 운영(운행)토록 조치

- 역학 관련 농장에서 이동제한 중인 가축 및 생산물에 대하여는 임상검사 실시, 필요시 정밀검사 실시 후 이상이 없을 시 도축·출하·반출 허용
- 다만, 아래와 같은 경우에는 이동제한 기간 중 도축·출하·반출 금지
  - 발생농장 소유자 등이 발생농장 이외의 지역에서 사육하는 가축
  - 발생농장에서 공급한 가축이 사육되는 농장
  - 가축방역관이 도축·출하·반출 시 위험의 우려가 있다고 판단되는 농장

* 방역조치 대상을 선정하거나 방역조치 기간을 산정할 경우, 기준일(발생일, 방문일 또는 공급일 등)은 기간 산정에 산입하지 않는다. (예: 1월1일 방문한 경우 7일간 이동제한 조치는 1월 8일까지임)

[별표5]

소독제별 특성 및 사용요령

1. 소독제의 사용요령

1.1. 비누 및 세정제

- 비누나 세정제는 조류인플루엔자 바이러스에 소독효과가 있다. 더운 물, 브러시, 수세미 등을 사용하면 세척작용을 향상시킬 수 있다.

1.2. 염기제제(alkalines)

- 가성소다(sodium hydroxide)나 탄산소다(sodium carbonate)가 사용된다. 비용이 저렴, 대단위 소독에 적절하다. 세척 과정에서 나오는 지방이나 유기물질에 대한 비누화작용을 가지고 있어 유기물질이 많은 축사, 가옥, 뜰, 하수구, 쓰레기 등의 소독을 실시하는 데 매우 유용하다. 가성소다의 경우 2%, 탄산소다의 경우 4%가 되게 한다. 가성소다는 부식성이 매우 강하고 페인트를 벗기기도 하므로 사람 및 차량, 기계·기구 소독용으로 사용하지 않도록 한다.
- 생석회는 동물용의약품은 아니지만 사체 및 토양 소독제로 주로 이용되며 토양에서는 pH 11~12의 강한 알칼리성으로 조류인플루엔자 바이러스를 사멸한다.

1.3. 산성제제(acids)

- 기구류 등에 폭넓게 적용이 되며 다른 강산에 비하여 독성이 적다.
- 염산용액은 2%로 하여 사용한다. 소독효과는 10분이면 가능하다. 콘크리트나 금속성 기구류에 대해 부식성이 있으며 다른 소독제를 적용하기 힘든 경우에만 사용하는 것이 좋다.

1.4. 알데하이드제제(aldehydes)

- 글루타알데하이드(glutaraldehyde)는 일반적으로 1~2%의 농도로 사용된다. 이것은 유기물질에 일부 오염되어 있어도 소독에 효과적이다. 금속성 물질에 대해서는 부식효과가 있고 생체에 독성이 있으며 대단위로 적용하기에는 비용이 많이 소요된다.
- 포르말린(formalin)용액은 포르말린을 8%로 희석하여 사용한다.
- 포름알데하이드 훈증소독은 축사내부나 차량내부 등 공간소독에 탁월한 소독효과를 나타낸다. 소독공간은 건조하고, 밀폐되어야 한다. 포름알데하이드 가스는 15~24시간 동안 소독을 요하며 독성이 강하고 소독 후에는 완전히 환기시켜야 한다.

1.5. 산화제

- 산화작용에 의하여 바이러스 단백질을 파괴하는 것으로 주로 염소계 또는 산소계

성분으로 구성된다.

- 차아염소산은 중성 pH 6~9일 때 가장 효과적이며, 유기물이 있을 경우 소독력이 급격히 떨어진다.
- 이염화이소시안산나트륨(Sodium dichloroisocyanurate)은 차아염소산에 비해 유기물이 있어도 비교적 효과가 있다.
- 버콘 S와 같이 복합염 및 산류의 복합소독제도 조류인플루엔자 소독에 광범위하게 사용되고 있다.
- 생석회는 사체 및 토양 소독제로 주로 이용되며 토양에서는 pH 11~12의 강한 알칼리성으로 조류인플루엔자 바이러스가 살아남지 못하게 된다. 토양 소독시 살포량은 ㎡ 당 300~400g이 적당하다.

1.6. 그 밖의 여러 가지 성분의 혼합제제로서 조류인플루엔자 바이러스에 대한 소독효과가 공인된 제품에 한한다.

[별표6]

발생농장(소·염소) 위험도평가 요령

1. 위험도평가는 국내 소·염소 사육농장에서 고병원성조류인플루엔자가 축종별 처음 발생하는 경우 해당 축종에서의 피해도, 해당 농장 내 감염축 비율, 전국적 발생상황 등의 위험성을 평가하는 것으로 발생농장 감염축에 대한 살처분 여부 및 범위 결정을 위해 실시하며, 발생 상황에 따라 추가로 실시할 수 있다.
   1.1. 위험도평가에 따른 살처분 범위는 양성축 선별 살처분, 동거축 포함 살처분, 살처분 미실시(격리·치료) 등으로 구분할 수 있다.

2. 위험도평가는 발생농장 확인 시점부터 검역본부(지자체 협조)에서 실시하며, 필요시 외부 전문가, 생산자단체 등을 참여하게 할 수 있다.
   2.1. 검역본부는 다음 각 목의 사항을 고려하여 발생농장 감염축 최초 확인 이후 발생농장 감염축 및 동거축에 대한 살처분 여부 및 범위 설정을 포함한 위험도평가 결과를 농식품부장관에게 보고한다.
   가. 발생농장 사육가축 감염률 및 해당 가축의 피해도
   나. 해외 발생 중인 포유동물 고병원성조류인플루엔자의 병원성, 임상증상 등 특성
   다. 전국적 발생 상황
   라. 발생축종 등 감수성 가축을 사육하는 타 농장으로의 전파 등 바이러스의 특성
   마. 발생농장 주변 감수성 가축의 사육밀도
   바. 발생농장 주변 야생조수류 서식실태
   사. 발생농장의 방역관리 시설 상태
   아. 기타 위험도 및 살처분 범위 조정 검토에 필요한 사항

3. 농림축산식품부장관은 제2호에 따라 위험도평가 결과에 대해 필요하다고 판단하는 경우 중앙가축방역심의회의 심의를 받을 수 있다.

[별표7]

전국 집유장 현황(53개소)

* 집유장 개소수, 집유농가수 및 집유량 현황은 수시로 변경될 수 있음

연번	시도	시군	집유장명	소재지	집유 농가수(호)	일평균 집유량(톤)	비고(관할지소)
1	강원	춘천	춘천철원화천양구 축산농협	춘천시 후석로 440번길 18	56	48	강원동물위생시험소본소
2	강원	횡성	롯데푸드 ㈜파스퇴르공장	횡성군 안흥면 봉화로 790	119	120	강원동물위생시험소남부지소
3	강원	횡성	범산목장	횡성군 우천면 하대6길 102	10	12	강원동물위생시험소남부지소
4	강원	횡성	㈜서울에프엔비	횡성군 공근면 아이티밸리길 36	8	8	강원동물위생시험소남부지소
5	경기	남양	(주)빙그레 도농집유장	남양주시 미금로65번길 45	152	191	경기동물위생시험소북부지소
6	경기	남양	서울우유협동조합 남양주집유장	남양주시 양정로 63	85	102	경기동물위생시험소북부지소
7	경기	안산	서울우유협동조합 안산공장 집유장	안산시 단원구 성곡로 153	147	185	경기동물위생시험소본소
8	경기	안성	서울우유협동조합 안성집유장	안성시 사곡동 안성맞춤대로 1412	224	266	경기동물위생시험소남부지소
9	경기	양주	서울우유협동조합 양주신공장집유장	양주시 은현면 예원대학로 62	409	552	경기동물위생시험소북부지소
10	경기	이천	서울우유협동조합 이천집유장	이천시 설성면 진상미로 802	268	372	경기동물위생시험소동부지소
11	경기	평택	매일유업(주) 평택공장	평택시 진위면 진위서로 63	82	140	경기동물위생시험소남부지소
12	경기	평택	평택축산업협동조합 평택집유장	평택시 안중읍 서해로 1146-20	34	45	경기동물위생시험소남부지소
13	경기	포천	서울우유협동조합 포천집유장	포천시 영중면 호국로 3295-23	232	319	경기동물위생시험소북부지소
14	경남	김해	㈜빙그레 김해집유장	김해시 고모로 768	31	42	경남동물위생시험소중부지소
15	경남	함안	부산경남우유 협동조합칠서집유장	함안군 칠서면 대부로 528	241	274	경남동물위생시험소중부지소
16	경북	경산	매일유업㈜ 경산공장	경산시 진량읍 대학로 1090	37	160	경북동물위생시험소본소
17	경북	경주	남양유업㈜ 경주공장	경주시 산업로 4443-7	98	115	경북동물위생시험소동부지소
18	경북	경주	경북대구낙농 협동조합경주집유소	경주시 강동면 인좌안길 6-18	38	53	경북동물위생시험소동부지소
19	경북	문경	논지엠오 유가공	문경시 가은읍 공단강변길 65	3	2.7	경북동물위생시험소서부지소
20	광주	광산	매일유업㈜ 광주공장	광산구 어등대로 511	134	150	광주보건환경연구원 동물위생시험소
21	대구	달성	㈜비락 대구공장	달성군 논공읍 논공로 465	124	155	대구보건환경연구원 동물위생시험소
22	대구	북구	경북대구낙농 협동조합대구집유소	북구 구리로1길 45-10	33	43.5	대구보건환경연구원 동물위생시험소
23	대구	달성	(주)푸르밀	달성군 논공읍 논공중앙로 350, 1,3층	19	22	대구보건환경연구원 동물위생시험소
24	세종	세종	남양유업㈜ 세종공장	세종시 장군면 장기로 836-11	149	181.6	세종시보건환경연구원 동물위생시험소
25	울산	울주	부산경남우유협동 조합제2집유장	울주군 삼남면 공암공단2길 24	39	27.5	울산보건환경연구원 동물위생시험소
26	전남	나주	남양유업㈜ 나주공장 집유장	나주시 금천면 영산로 5785	13	15	전남동물위생시험소본소

연번	시도	시군	집유장명	소재지	집유 농가수(호)	일평균 집유량(톤)	비고(관할지소)
27	전남	보성	전남낙농업협동조합	보성군 벌교읍 남하로 158	277	321	전남동물위생시험소동부지소
28	전북	고창	매일유업㈜ 상하공장	고창군 상하면 진암구시포로412	51	93	전북동물위생시험소서부지소
29	전북	김제	동진강 낙농축협	김제시 콩쥐팥쥐로 125	93	171	전북동물위생시험소북부지소
30	전북	남원	전북지리산낙농농협	남원시 사매면 대사로 1375	110	96	전북동물위생시험소남부지소
31	전북	임실	농업회사법인 맛누리㈜	임실군 임실읍 치즈마을길 164-39	2	3	전북동물위생시험소남부지소
32	전북	정읍	㈜동원에프엔비 정읍공장	정읍시 정우면 정읍북로 763	69	300	전북동물위생시험소서부지소
33	전북	진안	농업회사법인 데미샘목장㈜	진안군 백운면 신암리 산3	7	15	전북동물위생시험소본소
34	제주	제주	㈜농업회사법인 제주우유	제주시 한림읍 월각로 956	13	19	제주동물위생시험소
35	제주	제주	제주축산농협 유가공공장	제주시 한림읍 한창로 1015	14	16	제주동물위생시험소
36	제주	제주	샘물목장유가공공장	제주시 구좌읍 덕행로 519-46	1	3.7	제주동물위생시험소
37	제주	제주	㈜미스터 밀크	제주시 한림읍 한창로 1236	1	5	제주동물위생시험소
38	충남	논산	㈜빙그레 집유장	논산시 가야곡면 야촌리 351-2	21	31	충남동물위생시험소본소
39	충남	논산	행복드림영농 조합법인	논산시 강경읍 농공단지로 32	10	14	충남동물위생시험소본소
40	충남	당진	당진낙농축협	당진시 원당로 183	250	316	충남동물위생시험소본소
41	충남	서산	서산축협 집유장	서산시 음암면 중앙로 678	37	40	충남동물위생시험소본소
42	충남	아산	아산축협 집유장	아산시 염치읍 방현리 298-3	90	95	충남동물위생시험소아산지소
43	충남	아산	연세대학교 연세우유	아산시 음봉면 음봉로 829	106	160	충남동물위생시험소아산지소
44	충남	예산	주식회사성원 에프앤디	예산군 가마시로 75	1	3	충남동물위생시험소본소
45	충남	예산	예산축협 집유장	예산군 예산읍 향천리 산44	43	51.7	충남동물위생시험소본소
46	충남	천안	천안공주낙농축산업 협동조합	천안시 성환읍 성환1로 116	50	59	충남동물위생시험소아산지소
47	충남	천안	남양유업 주식회사 천안공장	천안시 풍세로 978	20	21	충남동물위생시험소아산지소
48	충남	천안	남양유업 주식회사 천안신공장	천안시 목천읍 교천지산길 331-55	166	250	충남동물위생시험소아산지소
49	충남	청양	주식회사 우리에프엔비	청양군 청남면 막골길 7	37	45	충남동물위생시험소본소
50	충남	청양	매일유업(주) 청양공장	청양군 청양읍 충절로 1355-58	2	11	충남동물위생시험소본소
51	충북	옥천	㈜이담	옥천군 옥천읍 옥천동이로 387-55	1	2	충북동물위생시험소남부지소
52	충북	음성	(학)건국대학교 건국유업·건국햄	음성군 대소면 대풍산단로 197	33	53	충북동물위생시험소중부지소
53	충북	청주	충북낙농업협동조합	청주시 북이면 장재2길 66-10	88	98	충북동물위생시험소본소
계					4,378	5,893.7	

[별표8]

젖소농장 일제검사 절차

1. 젖소에서 고병원성조류인플루엔자 양성축 확인 시

1.1. 농식품부에서는 발생 및 인접 시·군의 젖소농장 및 관련 작업장에 대해 일시 이동중지 (48시간 이내) 및 해당지역 젖소농장의 조류인플루엔자 일제검사 조치 시행

1.1.1. 이동중지 기간 중 모든 젖소 등 가축사육 농장에서는 일제 소독 조치

1.2. 해당지역 내 젖소농장 관할 집유장에서는 발생농장을 제외한 집유농장의 원유를 집유한 집유차량별 원유 샘플을 집유장 관할 시·도 동물위생시험소에 송부

1.2.1. 집유장별 검사 시료는 시·도에서 사전 공지된 시험소로 송부

1.2.2. 집유차량별 원유 샘플 송부 시 샘플에 차량명(차량번호), 소속회사명 기재 및 송부한 원유 샘플의 집유농장명, 축주명, 농장주소, 농장별 일평균 집유량 등이 기재된 농가 목록을 함께 제출

1.2.3. 시도 동물위생시험소에서는 집유차량별 원유 시료에 대해 신속하게 RT-PCR 을 실시하고 그 결과를 관할 시·도에 제출 및 농식품부와 검역본부에 보고

1.2.4. 모든 검사는 일시 이동중지 기간 내에 완료할 수 있도록 조치하고, 필요 시 시·도 동물위생시험소 본소 및 지소간 검사물량을 상호 조정

1.2.4.1. 보유 장비, 물리적 시간 등의 이유로 기간 내 검사 완료가 어려운 경우 발생농장과 가까운 지역 순서, 철새도래지 등 고병원성조류인플루엔자 발생 위험도가 높은 지역 등을 우선적으로 검사할 수 있다.

2. 일제검사 중 양성농가 반응 시

2.1. 시·도 동물위생시험소에서 집유차량별 원유 검사 중 양성반응이 있는 경우 즉시 해당 집유장을 통해 해당 집유차량의 집유농장별 원유 시료를 수집하여 검사하고 농장별 원유검사 중 양성반응이 확인된 경우 관할 시·도를 통해 농식품부(검역본부)에 보고

2.1.1. 검사시료를 검역본부(바이러스과)에 이송, 확인검사를 의뢰하고, 해당농장의 개체별 시료(원유, 비강스왑 등) 채취·검사

2.1.2. 개체별 검사 결과 양성축 확인시 해당 농장은 발생농장에 대한 방역관리 조치

[별표9]

고병원성조류인플루엔자 방역수칙 및 인체감염 예방 수칙(축산농가용)

1. 축산농장 고병원성 조류인플루엔자 방역수칙
   1.1. 농장 내 조류인플루엔자 바이러스가 유입되지 않도록 차단방역 철저
      1.1.1. 농장 출입 차량·사람 통제 및 출입 시 소독 철저
      1.1.2. 야생조수류의 축사 출입 차단
      1.1.3. 가금·고양이 등 여러 축종 사육 지양
      1.1.4. 농장기구를 다른 농장과 공유하여 사용을 금지하고, 사용시에는 철저한 세척·소독
      1.1.5. 농장 내부 및 외부에 대한 주기적 소독
   1.2. 매일 사육중인 가축에 대한 임상관찰을 실시하고 이상증상이 있는 경우 확인 즉시 가축방역기관에 신고(1588-9060, 1588-4060)
      1.2.1 이상증상으로는 유량감소, 진득한 원유 등 이상유 생산, 고열, 비즙분비, 호흡곤란, 유산, 사료섭취 감소 등이 있다.

2. 농장 근로자 인체감염 예방수칙
   2.1. 농장 착유작업, 분변 및 오물 처리, 가축과의 접촉 등 업무 시 개인보호구 착용
   2.2. 손을 씻기 전에 눈, 코, 입, 휴대폰 등을 만지지 않고, 작업 중 음식물 섭취, 흡연, 껌씹기 등 금지
   2.3. 살균처리(열처리) 되지 않은 우유를 마시거나, 다른 동물에게 급여 금지
   2.4. 작업 후 샤워 및 착용한 개인보호구*와 장비*에 대해 세척·소독·멸균 철저
      * 승인된 제조사 제품을 권고에 따라 사용 원칙
   2.5. 작업 후 10일 이내 기침, 인후통, 근육통 등의 인플루엔자 유사증상이나 결막충혈, 결막염, 안구통증, 안구불편감 등의 안구증상 중 하나라도 발생시 관할 보건소 또는 질병관리청 콜센터(1339)에 연락

◈ 개인보호구의 구성

① 방수 재질의 작업복(방역복)
② 방수 앞치마
③ 마스크(KF94 또는 N95)
④ 고글 또는 보안면
⑤ 일회용 위생모
⑥ 장갑
⑦ 장화

[별표10]

고병원성조류인플루엔자 인체감염 위험도 및 예방수칙 안내(대국민용)

1. 현재까지는 아래와 같은 이유로 일반 국민의 고병원성 AI에 의한 위험성은 극히 낮음

1.1. (인체감염) 일반 국민들은 고병원성 AI 감염 축산농장의 동물과 직접 접촉 가능성이 낮고,

1.1.1. AI 바이러스는 국내와 미국 등 해외에서도 그간 사람 간 전파 사례가 보고되지 않아 확산 가능성은 매우 낮음

1.2. (식품안전) 발생농장 우유는 전량 폐기 처리하고, 시중에 유통되는 모든 유제품은 유통 이전에 살균·멸균처리 공정을 거쳐 안전함

1.2.1. 동물은 도축 이전에 검사관이 임상검사 및 정밀검사 등을 통해 이상이 없는 축산물만 유통되며,

1.2.2. AI 바이러스는 열에 약하므로 시중에 판매되는 살균·멸균 우유 제품*이나 가열 조리한 육류의 경우는 감염 가능성이 없음

* 저온장시간 살균법(63~65℃ 30분), 고온단시간 살균법(72~75℃ 15~20초)

1.3 (감염치료) 고병원성 AI 인체 감염시에도 항바이러스제가 있어 적절한 치료를 통해 회복 될 수 있음

< 대국민 포유동물 고병원성 AI 예방 안내 수칙 안내문(안) >

1. 축산농가 및 철새도래지 방문을 자제합니다.
2. 야생동물 사체는 접촉하지 말고, 즉시 신고*합니다.
   * 110 정부민원콜센터 또는 국립야생동물질병관리원(062-949-4360)
3. 살균 처리되지 않은 유제품이나 가열 조리되지 않은 육류는 섭취하지 않습니다.
4. 인체 감염 예방을 위해 30초 이상 손을 씻고, 손으로 눈·코·입을 만지는 것을 피합니다.
5. 호흡기 증상이 있는 경우 마스크를 쓰고, 기침·재채기를 할 경우 휴지나 옷소매로 입과 코를 가리고 합시다.
6. 축산농장의 가축 또는 야생동물(사체 포함)과 접촉한 후 10일 이내 기침, 인후통, 근육통 등의 인플루엔자 유사증상이나 결막충혈, 결막염, 안구통증, 안구불편감 등의 안구증상 중 하나라도 발생시 즉시 보건소 또는 질병관리청 콜센터(1339)로 신고하시기 바랍니다.

[별표11]

포유동물 조류인플루엔자 전화예찰 요령

□ 전화예찰 방식

○ 전화, SNS, 문자, 메일 등을 통해 예찰

□ 전화예찰 대상 및 주기

○ 고병원성 조류인플루엔자 발생 시 방역지역 내 전화예찰

- 시·도지사 또는 시장·군수는 관리지역 내 감수성 동물의 소유자에게 전화예찰을 실시하고, 가축위생방역지원본부장은 관리지역 외 감수성 동물의 소유자에게 전화예찰 실시(다만, 농식품부는 포유동물 고병원성 조류인플루엔자 발생 상황에 따라 예찰 업무 조정 가능)
- 관리지역 안의 가축 사육농장은 발생 사실이 공표된 날부터 2일 이내, 관리지역 외의 지역은 3일 이내 예찰을 완료하고, 이동제한 해제 시까지 주기적인 예찰 실시
- 전화 예찰 미응답 시에는 3일 연속으로 전화 예찰을 실시하되 지속적으로 미응답할 경우 관련 내용을 관할 시·군에 통보

□ 전화예찰 내용(예시)

안녕하십니까? ○○군 조류인플루엔자 방역대책상황실입니다. 조류인플루엔자 일일 예찰을 위하여 번거롭더라도 몇 가지 질문에 대해 답변 부탁드립니다. ① 오늘 축사의 가축 건강 상태를 관찰하였습니까? ② 관찰 결과 평상시와 다른 특이한 임상증상이 있었습니까? ③ (젖소의 경우) 젖소에서 착유하는데 집유량이 줄었습니까? ④ 평소와 다른 임상증상이 있거나, 젖소의 경우 집유량이 줄었다면 그 원인이 무엇이라고 생각하십니까? ⑤ 평소와 다른 임상증상은 어떠한 증상입니까? ⇒ 신경증상, 붉은 배변 등 소화기 증상, 호흡기 증상, 사료섭취 감소, 젖소의 경우 초유 같은 진득한 원유 및 산유량 급감소, 유방 위축 ⑥ 가축과의 접촉 시 마스크, 방역복 등 개인보호구를 착용합니까? ⑦ 오늘 축사내부 및 주변에 대한 소독을 실시하였습니까?

□ 전화예찰 결과, 의심축 등 발견 시 조치사항

○ 소화기·호흡기·신경 증상, 젖소 집유량 감소 등 고병원성 조류인플루엔자 감염 의심 시 관할 지자체에 즉시 통보하고, 농식품부 및 검역본부에 보고

제5장 별지

[별지 제1호서식]

포유동물 조류인플루엔자 의사환축 발생신고서

접수시간 : 오전

1. 신고접수일 : ________________ 오후____________

2. 신고자 주소 : ________________________ 전화번호 : ____________

성명 : __________________ (직 업) ________________

3. 발생농가 주소 : ______________________ 전화번호 : ____________

농장주 성명 : _______________ (휴대전화) : ______________

4. 신고사항

사육축종 : 소(한우, 육우, 젖소), 염소, 돼지, 개, 고양이, 기타(________)

사육수수 : 연령 :

5. 증상 및 병력개요

:

6. 기 취한 응급조치

:

7. 신고자에 대한 지시사항

: 환축 접촉 금지, 출입자 제한

8. 신고수리자 성명

소속 : 직급 : 성명 :

9. 조치사항

[별지 제2호서식]

현 지 조 사 표

1. 신고자 성명: 신고일자: 신고시간:

2. 축 주 주 소 ________________

   성 명 ________________

   축사 소재지(축주의 주소와 상이한 경우):________________

   KAHIS 농장번호 또는 시설번호: ________

3. 현지 조사일 : 시간 :

4. 사육축종 및 사육두수 :

   한우___ 육우___ 젖소___ 돼지___ 염소___ 개___ 고양이___ 기타( )___

5. 의사환축(축종, 사육형태, 발생두수, 연령,) :

6. 병력, 증상 개요 :

7. 진단 소견 :

8. 병성감정 시료 채취 : 폐사체(두), 의사환축(두), 혈액(두), 원유( ),기타 ( )

9. 조치사항

   출입구의 폐쇄, 의사환축 격리, 소독조 설치, 개인보호구 지급

10. 과거 21일간의 가축의 이동상황 : 판매(분양, 출하), 구입(입식)

11. 과거 21일간에 접촉한자 : 출입한 적이 있는 수의사, 동물약품・사료판매자 당해관리자, 다른 축사에의 방문 여부

12. 축주의 관리하는 다른 축사(축종, 두수) :

13. 인근 축산농가의 유무(반경 500m내) :

14. 원유 : 집유소 소재지 집유 동선:

15. 종사자 현황 : 인원 및 국적

16. 축조 및 종사자의 해외여행 유무, 인근 야생조수류 출몰 현황 :

17. 기타 역학적으로 참고할 만한 사항 :

출장자 소속: 직급: 성명:

출장일자: 출장시간

[별지 제3호서식]

시 료 채 취 내 역 서

□ 시료채취일 :

□ 시료채취자 : (소속) (성명) (연락처)

□ 농장명(시료채취지) :

○ 소재지 : 연락처 :

○ 축주명 : 관리자 :

□ 사육현황

○ 사육규모 : 사육동수 :

○ 축종 및 품종 : 사육형태(개방형, 방목, 무창 등) :

□ 구입처 :

○ 최근 입식일자, 입식두수, 공급처

□ 출하 또는 판매처

○ 최근 출하일자 및 도축장, 출하수수

□ 시료 내역

○ 가축시료 : 두, 점

- 증상축 : 두, 점

- 동거축 : 두, 점

○ 환경시료 : 점

* 시료채취 세부내역(붙임)

□ 시료 및 동물에 관한 기타사항

상기 시료에 대한 AI 검사(항체 및 항원)를 의뢰합니다.

의뢰 기관 :

의뢰 일자 : 년 월 일

[붙임] 시료채취 세부내역

□ 가축 시료

번호	축종 (품종)	연령	성별	임상증상 후 경과시간(추정)	체온변화 또는 임상증상 후 경과시간(추정)	시료내역(점수)				비고 (동거축 또는 증상축 표시)
						전혈	비즙	원유	조직 (채취부위)	
1										
2										
3										
4										
5										
6										
7										
8										
9										
10										
11										
12										
13										
14										
15										
16										
17										
18										
19										
20										
21										
:										

□ 환경 시료

번호	채취 장소	점수	비고
1			
2			
3			
4			
5			

[별지 제4호서식]

축산차량 전담 거점소독시설 소독실시기록부

<table>
<tr><td colspan="7">거점소독시설 소독실시기록부</td></tr>
<tr><td colspan="2">소독장소 명</td><td colspan="2"></td><td colspan="2">담당부서명</td><td></td></tr>
<tr><td colspan="2">소독장소의 주소</td><td colspan="5"></td></tr>
<tr><td colspan="7">소 독 실 시 상 황</td></tr>
<tr><td>일련
번호</td><td>소독 일시</td><td>소독실시대상
(차량번호 등)</td><td>이동 목적</td><td>목적지</td><td>소독실시자</td><td>서명</td></tr>
<tr><td></td><td></td><td></td><td></td><td></td><td></td><td></td></tr>
<tr><td></td><td></td><td></td><td></td><td></td><td></td><td></td></tr>
<tr><td></td><td></td><td></td><td></td><td></td><td></td><td></td></tr>
<tr><td></td><td></td><td></td><td></td><td></td><td></td><td></td></tr>
<tr><td></td><td></td><td></td><td></td><td></td><td></td><td></td></tr>
<tr><td></td><td></td><td></td><td></td><td></td><td></td><td></td></tr>
<tr><td></td><td></td><td></td><td></td><td></td><td></td><td></td></tr>
<tr><td></td><td></td><td></td><td></td><td></td><td></td><td></td></tr>
<tr><td></td><td></td><td></td><td></td><td></td><td></td><td></td></tr>
<tr><td></td><td></td><td></td><td></td><td></td><td></td><td></td></tr>
<tr><td></td><td></td><td></td><td></td><td></td><td></td><td></td></tr>
<tr><td></td><td></td><td></td><td></td><td></td><td></td><td></td></tr>
<tr><td></td><td></td><td></td><td></td><td></td><td></td><td></td></tr>
<tr><td></td><td></td><td></td><td></td><td></td><td></td><td></td></tr>
<tr><td></td><td></td><td></td><td></td><td></td><td></td><td></td></tr>
<tr><td></td><td></td><td></td><td></td><td></td><td></td><td></td></tr>
<tr><td></td><td></td><td></td><td></td><td></td><td></td><td></td></tr>
</table>

[별지 제5호서식]

소독필증

일련번호 :

소독필증

운전자	성명		차량번호			
	주소			(연락처 :)		
소독내역	소독일시		이동경로		→	
	이동목적					
소독 실시자	소독지역	□ 발생지, □ 관리지역 □ ○○ 시.군, □ ○○ 시.도				
	소독장소명					
	소속		직급		성명	

가축전염병 예방법 제17조제3항에 따라 위와 같이 소독을 실시하였음을 증명합니다.

년 월 일

소독실시 확인자 소속 : 직 : 성명 : (서명)

---------------- 절취선 ----------------

일련번호 :

소독필증

운전자	성명		차량번호			
	주소			(연락처 :)		
소독내역	소독일시		이동경로		→	
	이동목적					
소독 실시자	소독지역	□ 발생지, □ 관리지역 □ ○○ 시.군, □ ○○ 시.도				
	소독장소명					
	소속		직급		성명	

가축전염병 예방법 제17조제3항에 따라 위와 같이 소독을 실시하였음을 증명합니다.

년 월 일

소독실시 확인자 소속 : 직 : 성명 : (서명)

---------------- 절취선 ----------------

일련번호 :

소독필증

운전자	성명		차량번호			
	주소			(연락처 :)		
소독내역	소독일시		이동경로		→	
	이동목적					
소독 실시자	소독지역	□ 발생지, □ 관리지역 □ ○○ 시.군, □ ○○ 시.도				
	소독장소명					
	소속		직급		성명	

가축전염병 예방법 제17조제3항에 따라 위와 같이 소독을 실시하였음을 증명합니다.

년 월 일

소독실시 확인자 소속 : 직 : 성명 : (서명)

[별지 제6호서식]

집유차량 소독 확인증

※ 관리지역 내 낙농장 간 집유 시 농장에서 소독 실시 후 확인증을 작성 및 해당 농장주 등의 서명을 받아 다른 농장 출입 시 1부를 절취하여 제출하고 나머지 1부는 운전자가 보관

일련번호 :

집유차량 소독 확인증

운전자	성명		차량번호			
	주소	(연락처 :)				
소독 내역	소독일시		이동경로		→	
	소독내용	소독부위(차량 전체), 소독약( ), 소독방법(고압분무 소독)				
소독 실시자	소독지역	□ 농장출입구, □ 농장내, □ 기타( )				
	소독장소 (농장주소)					
	소속 (농장명)		농장주와의 관계		성명	

가축전염병 예방법 제17조제3항에 따라 위와 같이 소독을 실시하였음을 증명합니다.

년 월 일

소독실시 확인자 소속 : 직 : 성명 : (서명)

운전자 소속 : 직 : 성명 : (서명)

------------------- 절취선 -------------------------

일련번호 :

집유차량 소독 확인증

운전자	성명		차량번호			
	주소	(연락처 :)				
소독 내역	소독일시		이동경로		→	
	소독내용	소독부위(차량 전체), 소독약( ), 소독방법(고압분무 소독)				
소독 실시자	소독지역	□ 농장출입구, □ 농장내, □ 기타( )				
	소독장소 (농장주소)					
	소속 (농장명)		농장주와의 관계		성명	

가축전염병 예방법 제17조제3항에 따라 위와 같이 소독을 실시하였음을 증명합니다.

년 월 일

소독실시 확인자 소속 : 직 : 성명 : (서명)

운전자 소속 : 직 : 성명 : (서명)

포유동물 조류인플루엔자 신급행동지침[SOP]

초판 인쇄 2026년 01월 05일
초판 발행 2026년 01월 09일

저　자 농림축산식품부
발행인 김갑용

발행처 진한엠앤비
주소 서울시 서대문구 독립문로 14길 66 205호(냉천동 260)
전화 02) 364 - 8491(대) / 팩스 02) 319 - 3537
홈페이지주소 http://www.jinhanbook.co.kr
등록번호 제25100-2016-000019호 (등록일자 : 1993년 05월 25일)

ISBN 979-11-290-6279-6 (93520) [정가 12,000원]